基于人工智能的信息技术基础实验指导

○ 主　编　李　梅　孙中红
○ 副主编　张玉玲　邓　华

中国教育出版传媒集团
高等教育出版社·北京

内容提要

本书以立德树人教育理念为指导，按照教育部高等学校大学计算机课程教学指导委员会组织制订的《新时代大学计算机课程教学基本要求》编写。本书紧跟新一代信息技术的发展，是《基于人工智能的信息技术基础》的配套实验教材和必要补充，两者相辅相成，构成一个完整体系。主要内容共 8 章，34 个实验，涵盖计算机基础、操作系统及其应用、文字处理高级应用、数据处理高级应用、演示文稿高级应用、Python 程序设计基础、人工智能技术的应用、其他新技术的应用等，每章之后还有应用练习。

本书遵循“学用结合”的原则，采用“实验目的 + 实验内容 + 实验步骤 + 实验小结”的结构组织内容，旨在锻炼学生的基本计算机技能和综合实践应用能力，培养学生的计算思维和信息素养。本书内容是对理论教材实验内容的进一步扩展，实验步骤详细，读者可自行上机操作。

本书可作为高等学校大学计算机通识课程的实验教材。

图书在版编目（CIP）数据

基于人工智能的信息技术基础实验指导 / 李梅，孙中红主编；张玉玲，邓华副主编．-- 北京：高等教育出版社，2024．9（2025.3重印）．-- ISBN 978-7-04-063106-7

Ⅰ．TP18

中国国家版本馆 CIP 数据核字第 2024AM8730 号

Jiyu Rengong Zhineng de Xinxi Jishu Jichu Shiyan Zhidao

策划编辑 张　曦　　责任编辑 刘　娟　　封面设计 张申申　张　志　　版式设计 马　云
责任绘图 杨伟露　　责任校对 刘娟娟　　责任印制 刘弘远

出版发行	高等教育出版社	网　　址	http://www.hep.edu.cn
社　　址	北京市西城区德外大街 4 号		http://www.hep.com.cn
邮政编码	100120	网上订购	http://www.hepmall.com.cn
印　　刷	天津鑫丰华印务有限公司		http://www.hepmall.com
开　　本	787mm×1092mm　1/16		http://www.hepmall.cn
印　　张	12.5		
字　　数	270 千字	版　　次	2024 年 9 月第 1 版
购书热线	010-58581118	印　　次	2025 年 3 月第 3 次印刷
咨询电话	400-810-0598	定　　价	25.20 元

物 料 号　63106-00

前 言

随着物联网、云计算、大数据及人工智能技术的快速发展，以“互联网+”为核心的应用模式已经融入了人们社会生活的方方面面。这些新技术已经改变了很多行业，并将深刻改变更多的行业。作为面向非计算机专业学生开设的第一门计算机课程，课程的内容要满足经济社会发展对人才的需要，使学生成为社会所需要的人才，因此，有必要让学生了解目前新技术的发展趋势，以及这些技术与其他行业融合产生的影响。在上述形势下，我们编写了《基于人工智能的信息技术基础》。

本书是《基于人工智能的信息技术基础》的配套实验教材。本书以立德树人教育理念为指导，按照教育部高等学校大学计算机课程教学指导委员会组织制订的《新时代大学计算机课程教学基本要求》编写。本书紧跟新一代信息技术发展，对内容进行了精心编排，增加麒麟操作系统、WPS 办公软件和计算机伦理等方面的内容。

本书主要内容包括：

第 1 章，计算机基础。通过计算机概况、微机的组装、微机的使用、汉字输入 4 个实验，让读者初步了解计算机文化、计算机的工作原理与硬件体系结构。

第 2 章，操作系统及其应用。通过学习麒麟操作系统及其应用，使读者掌握麒麟操作系统的文件管理、个性化设置。

第 3 章，文字处理高级应用。通过完成毕业论文的组织与编排，使读者掌握在 WPS 中编辑文字、设置文字格式、制作表格、设置页面布局及打印文档等操作。

第 4 章，数据处理高级应用。利用在 WPS 表格中输入与编辑数据、设置表格格式、使用公式与函数、管理表格数据、使用图表等知识，完成统计与分析期末考试情况。

第 5 章，演示文稿高级应用。利用在 WPS 演示中编辑与设置演示文稿、设置幻灯片动画效果、放映演示文稿等知识，制作以“企业介绍”为主题的演示文稿。

第 6 章，Python 程序设计基础。主要包括 Python 程序设计语言基础知识、三种控制结构及 Python 语言的综合应用。

第 7～8 章，人工智能技术和其他新技术的应用。将 Python 贯穿其中，通过大量编程实验增强学生对新一代信息技术的理解能力。

本书遵循“学用结合”的原则，旨在通过实际操作和实践来巩固与提高学生的计算机基础理论知识、基本技能以及综合应用能力,培养学生的计算思维和信息素养。

由于作者水平有限,书中难免存在不足之处,恳请各位读者和专家批评指正!编者邮箱为 30865684@qq.com。

编　者

2024年7月18日

目　录

第 1 章　计算机基础

1.1　实验一：计算机概况

1. 实验目的

（1）了解对计算机发展做出过突出贡献的科学家的情况。
（2）了解第一台计算机的状况。
（3）了解计算机的发展都经历哪几代及每代的特点。
（4）了解微型计算机[①]的发展都经历了哪几代及每代的特点。
（5）了解计算机的特点、应用及发展趋势。

2. 实验内容

（1）上网搜索计算机工具都有哪些？
（2）上网搜索并阅读对计算机发展有突出贡献的科学家帕斯卡、巴贝奇、冯·诺依曼。
（3）上网搜索并阅读第一台计算机的状况。
（4）上网搜索并了解计算机的发展经历了哪几代，它们的状况分别是什么？微型计算机都有哪几代，它们的状况又分别是什么？
（5）上网搜索并了解计算机的特点、应用领域及发展趋势。

1.2　实验二：微型计算机的组装

1. 实验目的

（1）了解微型计算机的内部结构及其组成部件。

---

① 以下简称“微机”。

（2）掌握微型计算机组成部件的主要性能参数。

（3）了解主要组成部件的主要品牌及其优缺点。

（4）学会组装计算机。

2. 实验内容

（1）上网搜索并观看计算机组装与维护视频。

（2）认识计算机内部的几个主要组成部件。

（3）观察所使用微机的内部结构（如图 1.1 所示），列举主要部件的性能指标。

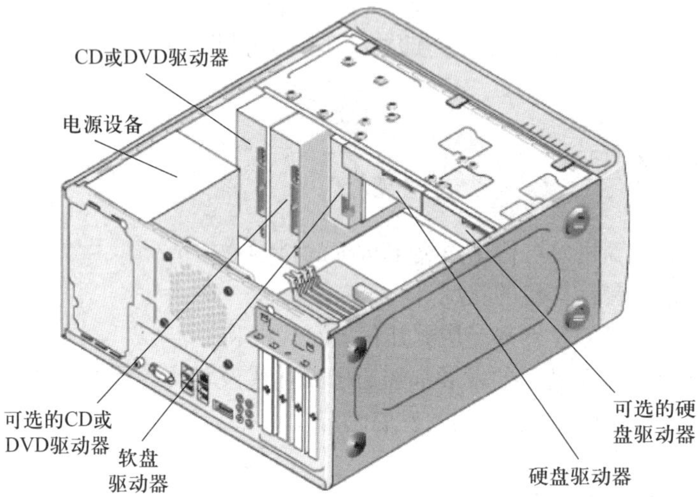

图 1.1　机箱内部构造图

① CPU：目前能够生产 CPU 的公司主要有国外的 Intel、AMD、Apple、IBM、Motorola、Cyrix 等，国内的鲲鹏、飞腾、海光、龙芯、兆芯、申威、海思等。最具代表性的是 Intel 公司的微处理器系列，主要有 Pentium（奔腾）、Celeron（赛扬）、Xeon（至强，服务器用）、Core（酷睿）等几个系列，还有移动版的 CPU。CPU 示例如图 1.2 所示。

(a) AMD Phenom Ⅱ 4　　(b) Intel 酷睿 i7870

图 1.2　CPU

CPU 的主要参考指标有：内核数量、缓存、主频。

② CPU 散热器：CPU 散热器与 CPU 的功耗相匹配即可。散热器示例如图 1.3 所示。

图 1.3 双核 CPU- 酷冷 hyper l3t 散热器

③ 内存：内存示例如图 1.4 所示。

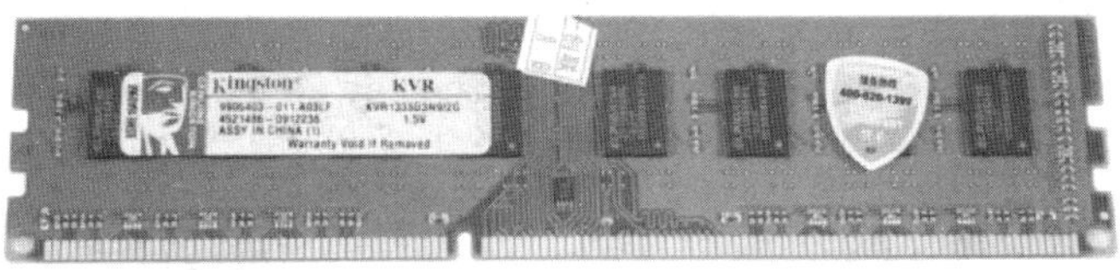

图 1.4 金士顿 DDR 32 GB

内存的主要参考指标有：容量、读写时间。

④ 主板：主板示例如图 1.5 所示。

图 1.5 主板各部件示意图

主板的主要参考指标有：主板芯片组、电容、电阻、CMOS电池、接口槽等。

⑤ 显卡：显卡示例如图1.6所示。

图1.6 影驰GTX560大将

显卡的主要参考指标有：CPU频率、显卡频率、显存大小、显存规格、位宽。显卡与显示器必须相互匹配才能发挥最佳效果。

⑥ 硬盘：硬盘示例如图1.7所示。

(a) 正面　(b) 背面

图1.7 希捷硬盘正反面

硬盘的主要参考指标有：容量、转速、接口（并行或串行）。

⑦ 电源：电源示例如图1.8所示。

电源的主要参考指标有：功耗、材料、稳定性、与机器其他部件的兼容性。

图1.8 电源示例

⑧ 机箱：机箱示例如图 1.9 所示。

机箱的主要参考指标有：接口是否人性化、稳固性、扩充性。

⑨ 光驱：光驱示例如图 1.10 所示。

光驱的主要参考指标有：转速与读写方式（是否带刻录等功能）。

图 1.9 动力火车绝尘侠 T01

图 1.10 先锋 DVR-219CHV

⑩ 键鼠套装。

键盘的主要参考指标有：是否专用鼠标、速度、耐用性。

（4）建议参考网上电子产品平台提供的相关产品参数，如中关村在线、太平洋电脑网等。

1.3 实验三：微机的使用

1. 实验目的

（1）熟练掌握微机冷启动和热启动方法。

（2）熟练掌握微机关闭方法。

（3）了解键盘输入的正确姿势。

（4）了解键盘分区及键位分布，进一步掌握并熟悉计算机的键盘操作方法。

（5）初步掌握键盘打字的标准指法。

2. 实验内容

（1）微机的启动。

① 先打开显示器、打印机等外设的开关。

② 按主机箱前面的电源按钮。

③ 当已经上电，但出现死机或其他情况而需重新启动时，按主机箱前面的复位

按钮，使系统复位。

④ 进入系统后，同时按组合键 Ctrl+Alt+Delete，进入“任务管理器”对话框。

⑤ 选择“关机”|“关闭”命令。

（2）微机的关闭。

① 如果在 DOS 下，仅需按主机箱前面的电源按钮，然后关闭显示器、打印机开关。

② 在 Windows 下，需要选择“开始”|“关闭计算机”命令，待出现“关闭计算机”对话框，单击“关闭”按钮，此时，屏幕显示“正在关机，请稍候”。

③ 显示器屏幕变黑，机箱风扇停止转动，此时关闭电源、显示器和打印机等外设。

（3）键盘。

键盘（keyboard，KB）的按键数随不同的机型而有所不同，使用较普遍的计算机键盘有 101 个键或 104 个键，按其功能不同可分为 5 个区：功能键区、打字键区、控制键区、数字光标小键盘区和状态指示灯区，如图 1.11 所示。

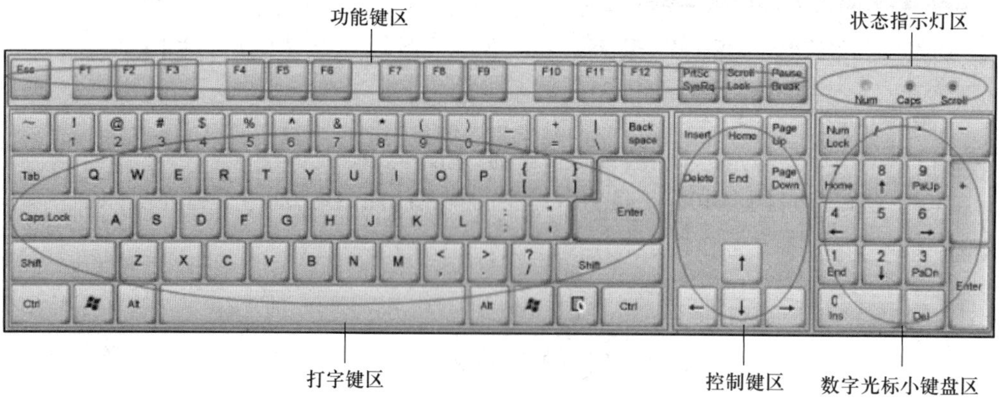

图 1.11 常见键盘分布图

功能键区中的键位有不同的具体功能，有些功能可由用户决定，如 F1 ~ F6 的功能由系统决定，F7 ~ F12 可根据用户的需要自行定义。打字键区与正规的打字机键盘十分相似，主要用于输入符号、字母、数字等信息。控制键区各键位的主要功能是控制光标在屏幕上的位置。数字光标小键盘区的键位主要是为了数字输入的快捷和方便而设立的。状态指示灯区的 Num 灯亮时用小键盘可以输入数字和相应符号，此灯灭时小键盘的功能相当于控制键区；按下 Caps Lock 键可以点亮 Caps 灯，此灯亮时按下字母键直接输入大写字母；按下 Scroll Lock 键时将点亮 Scroll 灯，Scroll Lock 键现在已经没有什么实质用处，但仍然有一些软件和游戏用它作为快捷键。

常用键的基本功能如表 1.1 所示。

（4）基本指法。

正确的指法是提高输入速度的关键。掌握正确的指法，养成良好的习惯，关键在于开始的训练和持之以恒的练习。

熟练的指法是使用键盘输入的基础，要掌握这项技术，必须遵守操作规范，按训练步骤循序渐进，要注意操作姿势、指法练习要点和击键方法等。

表 1.1 常用按键的功能和使用方法

按键	按键对应的功能和使用方法
Shift	换挡键。按住该键不放可输入一个按键上部标注的(上挡)符号或转换字母的大小写输入
Caps Lock	大小写字母转换键,按下该键,若右上角的 Caps 指示灯亮,则表示可连续输入大写字母,再次按下该键,若 Caps 指示灯暗,则表示可输入小写字母
Enter	换行键(也称回车键),任何时候按该键,都表示结束前面的输入,或转换到下一行重新开始输入,或执行前面输入的命令
Backspace	退格键,按一次该键可左移一个字符的位置,同时删除一个字符
Tab	制表定位键,按一次该键可使光标移动一个制表位置(8 个字符)
Ctrl	控制键,该键单独使用没有意义,主要用于与其他键组合在一起使用,实现某种功能
Space	空格键,该键为一空白长条形,按一次该键能输入一个空格符或移动一个光标位置
Alt	转换键,该键主要起转换作用,单独使用没有意义,主要与其他键组合使用
Esc	强行退出键
Pause	暂停键,按一次该键可暂停正在执行的命令或程序,按任一键即可继续执行
PrtSc	屏幕复制键,该键可与 Shift 键配合使用(Shift+PrtSc)将屏幕的内容送到打印机打印出来
Scroll Lock	屏幕锁定键,按下此键,则屏幕停止滚动,直到再按此键为止
↑、↓、→、←	光标移动键,使光标上移、下移、右移、左移
Home、End	使光标回到本行起始位置或结束位置
PgUp、PgDn	往前或往后翻一屏内容
Insert	插入键,在光标位置前插入字符
Delete	删除键,删除光标位置上或之后的一个字符
Num Lock	数字锁定键,数字光标小键盘区中双符键位的换挡键

① 操作姿势:击键时腰背挺直,双肩放松,手腕平直不可上下弯曲,更不能将手腕放在键盘上。双手按基准键位的要求将手指自然弯曲地轻放在键位上。击键时通过手指关节活动的力量叩向键位,而不是用肘和腕的力量。每次击键完成后,手指始终都要保持在基准键位上,以便下一次击键。

② 处于打字准备状态时,双手放在“A、S、D、F、J、K、L、;”键上,这 8 个键称为基准键。其中,F、J 键称为定位键(键上有一小横杠),其作用是使左右食指能够感知 F 和 J 键,其余 3 指依次放下就能找到基准键。而两个拇指则放在 Space 键上。基准键的手指分工如图 1.12 所示。

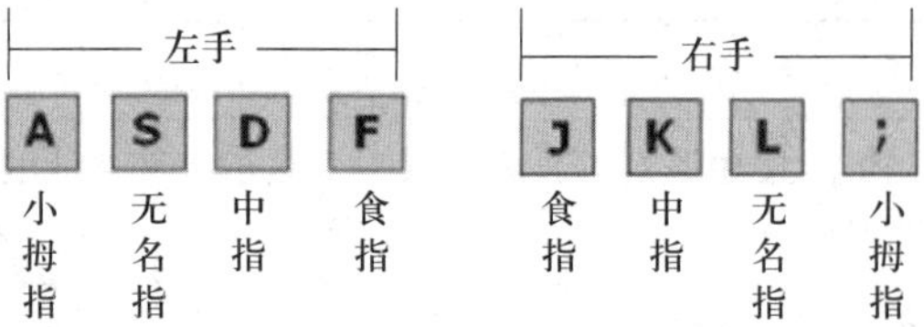

图 1.12　手指在基准键上的位置

③ 十指分工，包键到指，分工明确。在进行键盘录入练习时，要严格按各指分工去击键，不可随意击键，否则会造成指法训练的混乱。训练基本指法，可以使用专用软件，如金山打字通等。

④ 无论哪一个手指击键，该手的其他手指也要一起提起并上下活动，而另一只手则放在基准键上。

⑤ 任一手指击键后都应迅速返回基准键，这样才能熟悉各键位之间的实际距离，逐渐实现盲打。

⑥ 字母键指法分区。

字母键指法分区如图 1.13 所示。凡相邻两斜线范围内的字键，都必须由规定的手指管理。这样一来既便于操作，又便于记忆。

其中：

左小拇指负责击打如下键：1、Q、A、Z、Shift。

左无名指负责击打如下键：2、W、S、X。

左中指负责击打如下键：3、E、D、C。

左食指负责击打如下键：4、R、F、V、5、T、G、B。

右食指负责击打如下键：6、Y、H、N、7、U、J、M。

右中指负责击打如下键：8、I、K、,。

右无名指负责击打如下键：9、O、L、.。

右小拇指负责击打如下键：0、P、；、/、Shift、Enter。

两个大拇指负责击打空格（Space）键。

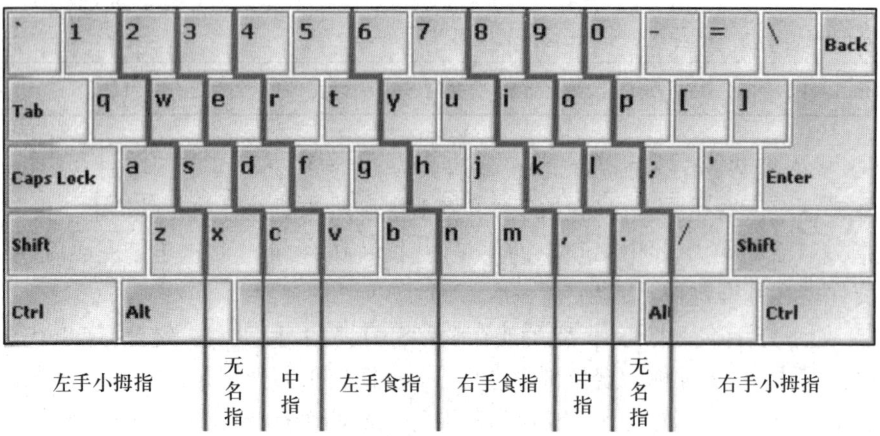

图 1.13　字母键指法分区图

（5）基准键的练习。

基准键称为原位键，是打字时手指应保持的固定位置，击打其他键都是以基准键来定位的。在进行基准键练习时，手指击键后仍放在基准键上。

打开“记事本”程序练习，选择“开始”|“程序”|“附件”|“记事本”命令，打开“记事本”应用程序。

按照上述要求，输入以下字符，反复练习击打基准键：

a d s k a; d k l a d k l j f d d l; a d k l l a; d f k
k l a; d j f d l k; a k f j d l k l d k d k l d; s d j
l; s d j k f k j l k s f l s d j d; a k d d j a d d j; a

（6）E、I 键的练习。

这两个键由左手中指和右手中指弹击，击键时，手指从基准键出发，击完后手指立即回到基准键上。同时注意其他手指不要离开基准键，小拇指不要翘起。

输入以下字符，反复练习击打 E、I 键：

i e i e e i e i e i e i e i e i e e i i e

（7）G、H 键的练习。

这两个键在 8 个基准键中央，由左手食指向右伸出一个键位的距离、右手食指向左伸出一个键位的距离击出，击完后手指立即回到基准键。

输入以下字符，反复练习击打 G、H 键：

h h g g h g h g h g h g g h g h g g g g h h g h g

（8）R、T、U、Y 键的练习。

这 4 个键由左手食指和右手食指弹击，开始速度不宜快，体会食指微偏左向前伸和微偏右向前伸所移动的距离和角度，击完后手指立即回到基准键。

输入以下字符，反复练习击打 R、T、U、Y 键：

r t u y y u t r y t u r u t y r u t y r u t y r u t y r

（9）W、Q、O、P 键的练习。

这 4 个键由左手及右手的无名指、小拇指弹击，注意小拇指击键准确度差，应反复练习小拇指击键和回位的动作。

输入以下字符，反复练习击打 W、Q、O、P 键：

w q o p o w q p o w p q o w p q o w p q w p p o w p

（10）V、B、M、N 键的练习。

这4个键由左右手的食指弹击，注意体会食指移动的距离和角度，击完后手指立即回到基准键。

输入以下字符，反复练习击打 V、B、M、N 键：

v b n m n v m b n b m v n b m v n b n b m v n b

（11）C、X、Z 键的练习。

用左手中指、无名指、小拇指分别弹击 C、X、Z 键，手指向手心方向微偏右屈伸，击完后手指立即回到基准键。

输入以下字符，反复练习 C、X、Z 键的操作：

c x z c x c z x c z c x c z x c x c x c z c x c c x c z x x x x x

（12）主键盘区数字键的练习。

数字键离基准键较远，弹击时必须遵守以基准键为中心的原则，依靠左右手的敏锐度和准确的键位感，来衡量数字键与基本键的距离和方位。

弹击1键时，左手小拇指向上偏左移动，越过Q键；依照前一动作，用左手无名指弹击2键，用左手中指弹击3键。

弹击4键时，左手食指向上偏左移动，越过R键；弹击5键时，左手食指向上偏右移动。

弹击6键时，右手食指大幅度向左上方伸展；弹击7键时，右手食指向上偏左移动，越过U键。

弹击8键时，右手中指向上偏左移动，越过I键；依照前一动作，用右手无名指弹击9键，用右手小拇指弹击0键。

输入以下字符，反复练习击打数字键：

1 2 3 4 5 6 5 4 3 5 1 4 6 8 1 3 5 6 4 6 5 4 2 1 3 6 5 4 8 4 7 1 4 3 2 1 3 5 1 6 5 4 2 0 0 0 1 2 3 4

（13）常用键和符号键的练习。

① 空格键：空格键在键盘的最下方，它用大拇指控制。击键的方法是右手从基准键垂直上抬1～2 cm，大拇指横着向下击空格键，击键完毕立即缩回。

② Enter 键：它由右手的小拇指来控制。击键方法是抬右手，伸小拇指弹击 Enter 键，击键完毕立即回到基准键。

③ Shift 键：Shift 键的作用是用于控制换挡。在键盘上，如果一个键位上有两个字符，那么当需要输入处于上位（上挡）字符时就必须先按住 Shift 键，再弹击上挡字符所在的键。

Shift 键是由小拇指控制的。为使操作起来方便，键盘的左右两端均设有一个 Shift 键。如果待输入的字符是由左手控制的，那么事先必须用右手的小拇指按住 Shift 键，再用左手的相应指头弹击上挡字符键；如果待输入的字符是右手控制的，那么事先必须用左手的小拇指按住 Shift 键,再用右手的相应指头弹击上挡字符键。只有上挡字符键击完后左右手的指头才能缩回到基准键上。

Shift 键还常用于输入当前字母状态相反的字母。如果当前的字母状态是小写,而要输入大字字母,可在按住 Shift 键不放时,击某个字母键,即可得到该字母的大写字母; 如果当前的字母状态是大写,而要输入小写字母,可在按住 Shift 键不放时,击某个字母键,即可得到该字母的小写字母。

④ 符号键: 键盘上还有其他一些字符,如“+”“–”“*”“/”“(”“)”“#”“!”“@”“?”“&”“:”“$”“%”等。这些字符的输入也必须按照它们各自的指法分区,用相应的手指按规则输入。只要熟悉了字母和 Shift 键的击键原则和方法,那么这些字符的输入是类似的。

1.4 实验四: 汉字输入

1. 实验目的

(1) 对应汉字编码学习汉字输入法。

(2) 进一步掌握并熟悉计算机的键盘操作方法。

(3) 掌握汉字及符号的输入方法。

2. 实验内容

(1) 选择汉字输入法。

(2) 使用搜狗输入法实现对汉字的输入。

(3) 输入特殊符号。

3. 实验参考步骤

(1) 选择汉字输入法。

【参考步骤】

① 单击桌面任务栏上的“输入法指示器” 。

② 屏幕上将出现 Windows 系统中已安装的各种输入法菜单,可在其中单击要选用的输入法。例如,选用“搜狗拼音输入法”,如图 1.14 所示。

图 1.14 选用“搜狗拼音输入法”

(2) 使用搜狗输入法实现对汉字的输入。

【参考步骤】

选用搜狗输入法后,屏幕下方将出现输入法状态条,这时就可以通过汉语拼音输入汉字了。例如,要输入“中”字,可输入“zhong”,并在候选框出现后按数字键1。如果要输入的字不在当前候选框中,则可使用键盘上的=和–键打开其他同音字所在的候选框,并进行选择。如输入“甜”,需要按=键翻页。

需要注意的是,几乎所有的汉字输入法都要求使用小写英文字母进行输入。

根据上面的方法,在记事本应用程序中输入以下一段汉字。

> 欧美及发达国家通常认为,信息时代的起点是1969年,而我国及其他一些发展中国家则认为是从1984年开始,比欧美晚了大约15年。人们常用最具代表性的生产工具来划分历史时期,我们可以将人类文明的发展历程划分为:石器时代、红铜时代、青铜时代、铁器时代、黑暗时代、启蒙时代、蒸汽时代、电气时代和信息时代等。按照这种划分方式,回顾20世纪百年发展历程,可以说人类已经从电气时代迈入了信息时代。

注意:中英文的混合输入,用键盘的Ctrl+空格键来实现中英文输入法的切换;在中文输入法下,用Ctrl+.实现中英文标点的切换;用Caps Lock键实现大小写字母的转换,或用Shift键转换字母大小写的输入。

(3)输入特殊字符。

【参考步骤】

输入如下特殊符号:し、す、せ、そ、つ、て、ひ、め、ぬ,具体步骤如下:

① 选择搜狗输入法,弹出搜狗工具条 ,单击 ,弹出如图1.15所示快捷菜单。

② 选择“特殊符号”选项,弹出如图1.16所示“搜狗拼音输入法快捷输入”窗口。

③ 选择“日文平假名”,弹出如图1.17所示窗口,在窗口中可通过单击输入不同的符号。

图1.15 软键盘快捷菜单

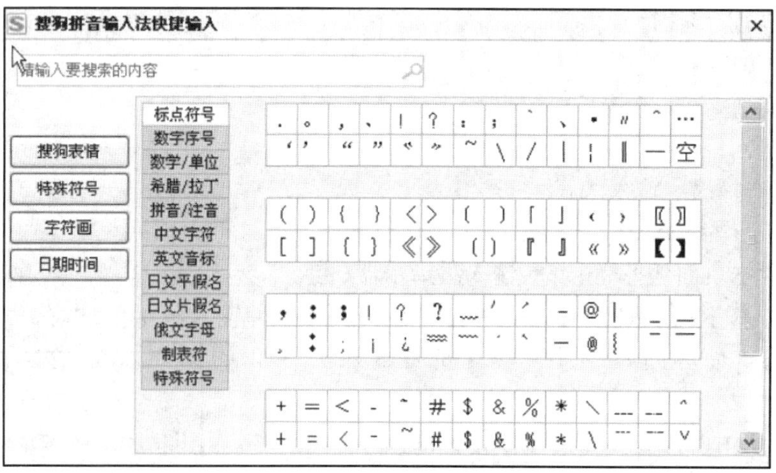

图1.16 “搜狗拼音输入法快捷输入”窗口

图 1.17　日文平假名快捷输入

注意：搜狗输入法使用版本为 6.1 正式版，随着搜狗输入法版本的不断更新，出现的界面可能有所差异。

提示：标点符号、数字序号、数学/单位等特殊字符的输入方法相似。也可右击软键盘按钮，在弹出的快捷菜单中选择不同的特殊字符。请读者练习输入如下字符：

标点符号：•【　】〖　〗﹌﹏¿ ⌇　＄ ˆ ˇ

数字序号：Ⅷ Ⅶ Ⅵ ① ② ③ ㈣

数学/单位：∝ ∮ ≤ ½ ㏑ ㏒ ㎎ ￡ ＄ ㏕

希腊/拉丁：Δ Γ Σ Π Ν ζ Θ Ω Ψ

拼音/注音：ó é ě ǒ ㄙ ㄘ ㄠ ㄡ

中文字符：零 壹 囍 朤 氺 贰 弍 㔾 攵

英文音标：θ dʒ t ʃ t s d z ə: æ ʌ ɛ ə au

日文平假名：ふ つ つ ぬ む み ひ ひ ち

日文片假名：シ テ ヌ ヒ チ ヅ プ ヱ

俄文字母：В Е Ж Ж з И й

制表符：┏ ┃ ┣ ╋ ┫ ╋ ━

特殊符号：△ ★ ☆ ❤ █ ♦ ♧ ☺ ☀ ☎ № ㈱

本章实验小结

本章共计4个实验，通过本章实验能够让读者对计算机内部构造有初步的了解，能够自己组装一台计算机；同时能够学会正确的打字姿势，会使用键盘输入英文、汉字以及特殊字符。

应 用 练 习

组装一台多媒体计算机，并安装系统软件、各种应用软件，调试计算机，使计算机能正常工作。

第 2 章　操作系统及其应用

2.1　实验一：麒麟 V10 的启动、关闭与基本操作

1. 实验目的

（1）掌握麒麟 V10 的启动及各种关闭方法。
（2）了解麒麟 V10 桌面的组成。
（3）了解普通图标和快捷图标的区别。
（4）掌握回收站的功能及使用方法。
（5）掌握在桌面添加、删除及重新排列桌面图标的方法。
（6）掌握任务栏和“开始”菜单的功能及使用方法。
（7）掌握自定义任务栏的使用方法。

2. 实验内容

（1）启动麒麟 V10 操作系统。
（2）练习关闭麒麟 V10 的各种方式。
（3）采用大图标显示桌面的图标。
（4）在桌面上添加“画图”图标。
（5）采用多种方法将桌面上添加的“画图”图标物理删除。
（6）将“画图”应用程序图标锁定到任务栏，然后再将其解锁。
（7）设置任务栏的位置、大小及属性。

3. 实验参考步骤

（1）启动麒麟 V10 操作系统。
【参考步骤】
① 先按显示器的电源按钮，再按主机的电源按钮。
② 等待几分钟后即出现麒麟 V10 的桌面，观察其界面的组成。

（2）练习关闭麒麟 V10 的各种方式。

【参考步骤】

在使用完计算机后，应先退出麒麟 V10，才可以切断计算机电源。麒麟 V10 操作系统有几种不同的关机方式，可以通过单击麒麟 V10 桌面左下角的“开始”按钮，在弹出的“开始”菜单中，直接单击右下方的“电源”按钮，出现如图 2.1 所示的界面，可选择“睡眠”“锁屏”“注销”“重启”“关机”等。

图 2.1　关机界面

① 睡眠。睡眠状态时，将切断除内存外其他配件的电源，工作状态的数据将保存在内存中，这样在重新唤醒计算机时，就可以快速恢复睡眠前的工作状态。如果用户需要短时间离开，那么可以使用睡眠功能。

② 锁屏。当用户暂时不需要使用计算机时，可以选择锁屏（不会影响系统当前的运行状态），防止误操作。当用户返回后，输入密码即可重新进入系统。在默认设置下，系统在一段空闲时间后，将自动锁定屏幕。

③ 注销。当前使用的用户退出，并且返回至用户登录位置，主要用于使用其他用户账户登录时的场景。

④ 重启。“重启”指的是先关闭计算机，然后计算机立即自动启动并进入麒麟 V10 的过程，在安装系统软件、应用软件，或者进行有关配置后，为了使配置生效而做的操作。

如果计算机出现系统故障或出现死机现象，也可采用重启来解决。

⑤ 关机。系统首先会关闭所有运行中的程序（如果某些程序不太配合，可以选择强制关机），然后，关闭系统后台服务，接着，系统向主板和电源发出特殊信号，让电源切断对所有设备的供电，使计算机彻底关闭。

（3）采用大图标显示桌面的图标。

【参考步骤】

右击桌面空白处，在弹出的快捷菜单中选中“视图类型”级联菜单中的“大图标”，如图 2.2 所示。此时桌面上的图标将变大。

图 2.2　大图标显示桌面图标

（4）在桌面上添加“画图”图标。

【参考步骤】

单击“开始”菜单，找到“画图”图标，右击，选择“添加到桌面快捷方式”命令，如图 2.3 所示，在桌面立即添加了“画图”图标。

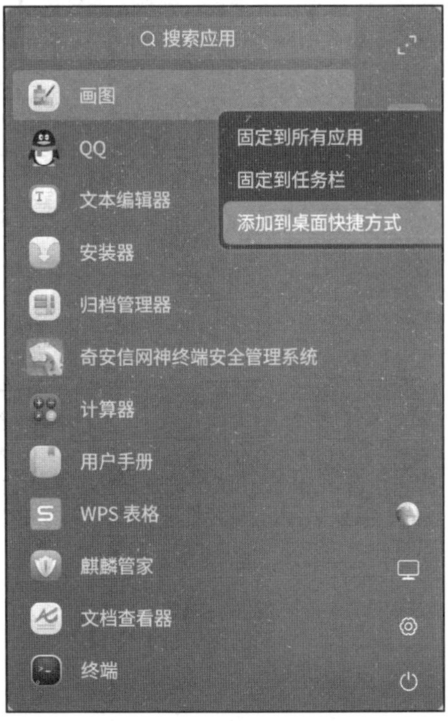

图 2.3　添加桌面快捷方式

（5）采用多种方法将桌面上添加的“画图”图标物理删除。

【参考步骤】

方法一：先逻辑删除，再物理删除。

① 逻辑删除。右击桌面上的“画图”图标，在弹出的快捷菜单中选择“删除到回收站”命令，即将该图标放入了回收站；或将“画图”图标拖动至“回收站”图标上。

② 物理删除。双击桌面上的“回收站”图标，打开“回收站”窗口，在右上角单击“清空”；或选中回收站中的“画图”图标，单击“删除”，在弹出的“确认删除”对话框中单击“是”按钮，可将“画图”图标物理删除。

方法二：直接物理删除。

选中“画图”图标后，按Shift+Delete组合键，在弹出的“确认删除”对话框中单击“是”按钮，可将“画图”图标物理删除。

（6）将“画图”应用程序图标锁定到任务栏，然后再将其解锁。

【参考步骤】

① 锁定到任务栏。单击“开始”按钮，右击“画图”图标，在弹出的快捷菜单中选择“固定到任务栏”命令，即可在任务栏的程序按钮区出现该应用程序的图标。

② 将其解锁。右击任务栏上的“画图”应用程序图标，在弹出的快捷菜单中选择“将从任务栏取消固定”命令，则“画图”应用程序图标立即从任务栏的程序按钮区移除。

（7）设置任务栏的位置、大小及属性。

【参考步骤】

① 改变任务栏的位置。右击任务栏空白处，在弹出的快捷菜单中选择“锁定任务栏”命令，如图2.4所示，设置任务栏为非锁定状态（默认是非锁定状态，“锁定任务栏”前没有“√”），将鼠标指针指向任务栏的空白处，按住鼠标左键可以将任务栏拖放到桌面的顶部或左、右两侧（通常将任务栏放到窗口的下端）。

② 设置任务栏。将光标停留在任务栏空白处，右击后弹出任务栏的设置菜单，可以调整任务栏的大小和位置。

图2.4 设置任务栏

2.2 实验二：麒麟 V10 文件和文件夹操作

1. 实验目的

（1）掌握新建文件夹和文件的方法。

（2）掌握设置文件夹和文件属性的方法。

（3）掌握复制、移动、删除文件夹和文件的方法。

（4）掌握创建文件夹和文件快捷方式的方法。

（5）掌握压缩和解压缩文件夹或文件的方法。

2. 实验内容

（1）在桌面上创建一个名为 Mydoc 的文件夹。

（2）在 Mydoc 文件夹中新建一个名为 Kylin.txt 的文件。

（3）在 Mydoc 文件夹中新建一位图文件 Kylin.bmp，并抓取桌面存放于该位图文件中。

（4）设置 Kylin.bmp 文件为只读。

（5）在桌面上创建快捷方式，指向 Mydoc 文件夹中的 Kylin.bmp 文件。

（6）将 Mydoc 文件夹压缩为压缩文件 Mydoc.zip。

（7）用逻辑删除和物理删除两种方法将 Mydoc 文件夹删除。

3. 实验参考步骤

（1）在桌面上创建一个名为 Mydoc 的文件夹。

【参考步骤】

右击桌面空白处，如图 2.5 所示，在弹出的快捷菜单中选择“新建”|“文件夹”命令，出现一个“新建文件夹”的文件夹图标，输入新文件夹的名字为“Mydoc”，然后按 Enter 键或用鼠标单击窗口其他空白位置即可。

（2）在 Mydoc 文件夹中新建一个名为 Kylin.txt 的文件。

【参考步骤】

① 双击桌面上的 Mydoc 文件夹，进入 Mydoc 文件夹窗口。

② 右击 Mydoc 文件夹窗口的空白处，在弹出的快捷菜单中选择“新建”|“空文本”命令，出现一个“新建文件 .txt”的图标，输入文件名 Kylin，然后按 Enter 键或用鼠标单击窗口其他空白位置即可。

（3）在 Mydoc 文件夹中新建一位图文件 Kylin.bmp，并抓取桌面存放于该位图文件中。

图 2.5　新建文件夹

【参考步骤】

① 按 PrtSc 键，复制桌面图像至剪贴板。

② 单击“开始”按钮，选择“画图”，打开“画图”窗口。按 Ctrl+V 组合键，可将剪贴板上的内容即桌面图像粘贴到“画图”窗口中。

③ 单击“画图”窗口工具栏上的“保存”按钮，打开“图像另存为”对话框，在该对话框的“文件类型”下拉列表框中选择“Windows BMP 图像”类型；在“名称”文本框中输入 Kylin；在对话框的左窗格中选择“桌面”，在右窗格中双击 Mydoc 文件夹，如图 2.6 所示。最后单击“保存”按钮即可。

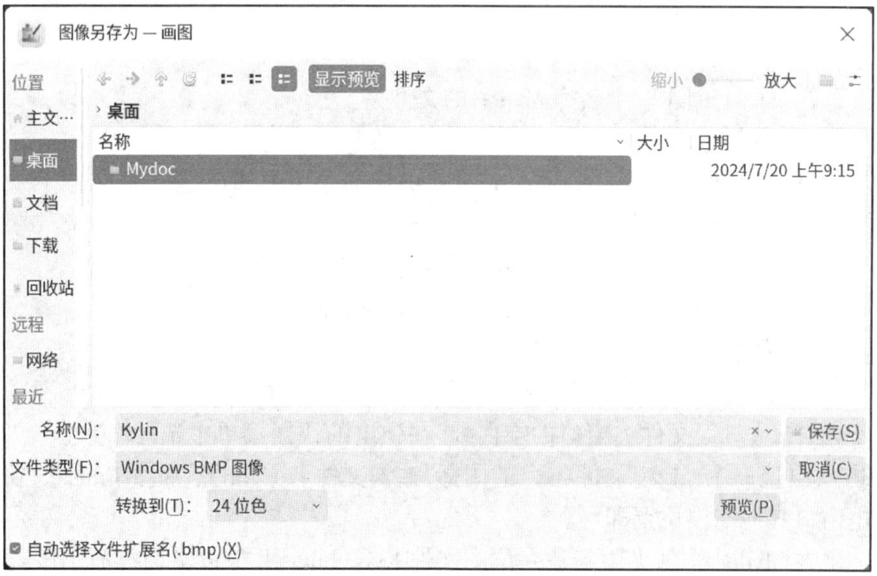

图 2.6　“图像另存为”对话框

（4）设置 Kylin.txt 文件为只读。

【参考步骤】

右击 Kylin.bmp 文件，在弹出的快捷菜单中选择“属性”命令，打开文件夹的属性对话框，如图 2.7 所示，选择其中的“只读”复选框，单击“确定”按钮，此时该文件不能被修改。

图 2.7 “属性”对话框

（5）在桌面上建立快捷方式，指向 Mydoc 文件夹中的 Kylin.bmp 文件。

【参考步骤】

右击 Kylin.bmp 文件，在弹出的快捷菜单中选择“发送到桌面快捷方式”命令，在桌面上即可创建一个 Kylin.bmp 快捷方式图标。

（6）将 Mydoc 文件夹压缩为压缩文件 Mydoc.zip。

右击桌面上的 Mydoc 文件夹，在弹出的快捷菜单中选择“压缩”命令，可打开“压缩”对话框，如图 2.8 所示，单击“创建”按钮即可。

（7）用逻辑删除和物理删除两种方法将 Mydoc 文件夹删除。

【参考步骤】

逻辑删除：选定 Mydoc 文件夹，按 Delete 键，即可将选定的文件夹移动到回收站。

物理删除：选定 Mydoc 文件夹，按 Shift+Delete 组合键，弹出删除文件夹对话框，如图 2.9 所示。单击“是”按钮，被删除对象将直接从计算机的存储器中删除，而不保存到回收站中。

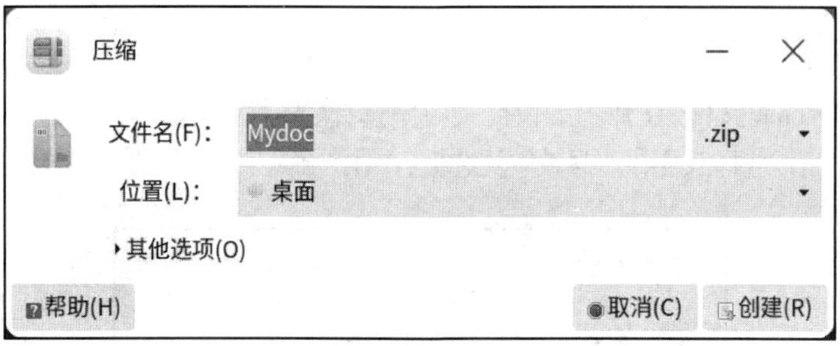

图 2.8　“压缩”对话框

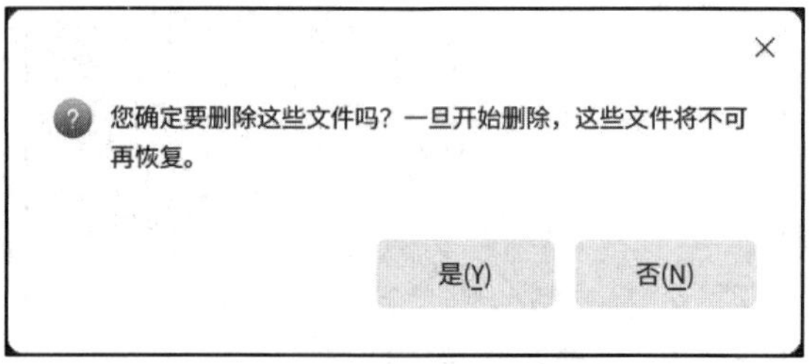

图 2.9　删除文件夹对话框

注意：逻辑删除指的是将文件夹或文件移送入“回收站”，但并未从计算机中真正消失，需要时，被逻辑删除的部分或全部对象可以再从“回收站”中恢复到原来的位置；物理删除则是真正把对象从磁盘中清除，以后再也无法恢复。

2.3　实验三：使用麒麟 V10 设置

1. 实验目的

（1）掌握更改桌面背景的方法。
（2）掌握设置系统声音的方法。
（3）掌握更改鼠标指针方案的方法。
（4）掌握创建、修改用户账户的方法。
（5）掌握添加桌面小工具的方法。
（6）掌握安装和卸载应用程序的方法。

2. 实验内容

（1）打开“设置”窗口并熟悉各组成部分的功能。
（2）更换桌面的背景。
（3）设置系统声音为“和印”。

（4）设置鼠标指针为“大”。

（5）创建一个“标准用户”类型的新的用户账户 abc。

（6）更改 abc 用户账户类型为“管理员”，并修改其密码。

（7）在桌面上添加画图工具。

（8）安装并卸载一应用程序，例如“QQ”。

3. 实验参考步骤

（1）打开“设置”窗口并熟悉各组成部分的功能。

【参考步骤】

① 单击“开始”按钮，选择“设置”，即可打开“设置”窗口。

② 窗口的各组成部分如图 2.10 所示，单击“设置”窗口中某一选项，例如“个性化”，了解各部分的功能。

图 2.10　“设置”窗口

（2）更换桌面的背景。

【参考步骤】

在“设置”窗口中单击“个性化”，或右击桌面，在弹出的快捷菜单中选择“设置背景”命令，打开“桌面背景”窗口，如图 2.11 所示。在“桌面背景”列表框中选择背景图片，桌面的背景会立刻发生相应的变化。

（3）设置系统声音为“和印”。

【参考步骤】

① 在“设置”窗口中，单击左侧“系统”下面的“声音”，如图 2.12 所示。

② 在右侧最下方“音效主题”下拉列表框中选择“和印”选项。

图 2.11 “桌面背景”窗口

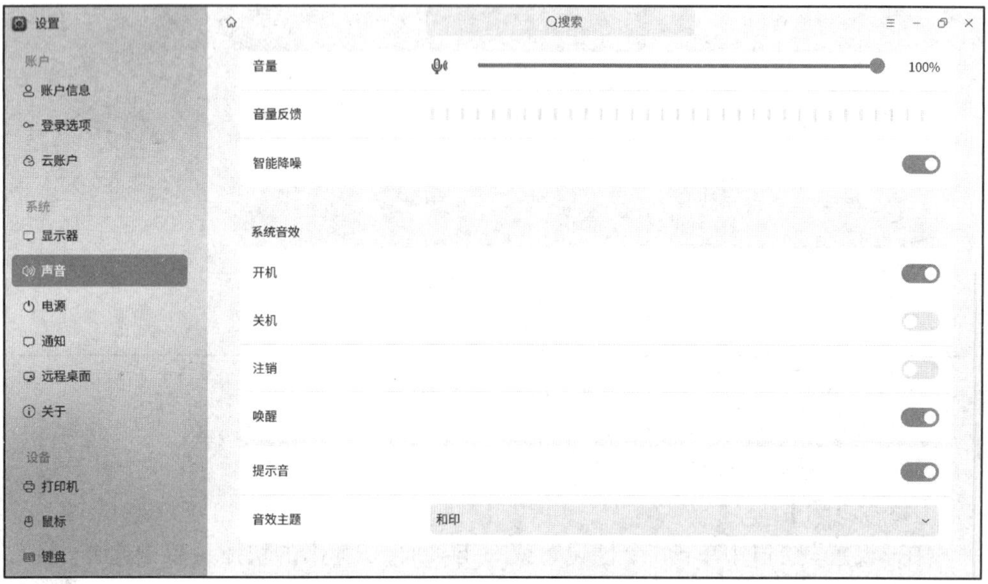

图 2.12 在“设置”对话框中设置声音方案

（4）设置鼠标指针为“大”。

【参考步骤】

在“设置”窗口中，单击左侧“设备”下面的“鼠标”，如图 2.13 所示，在右侧“指针大小”选项中选中“大”。

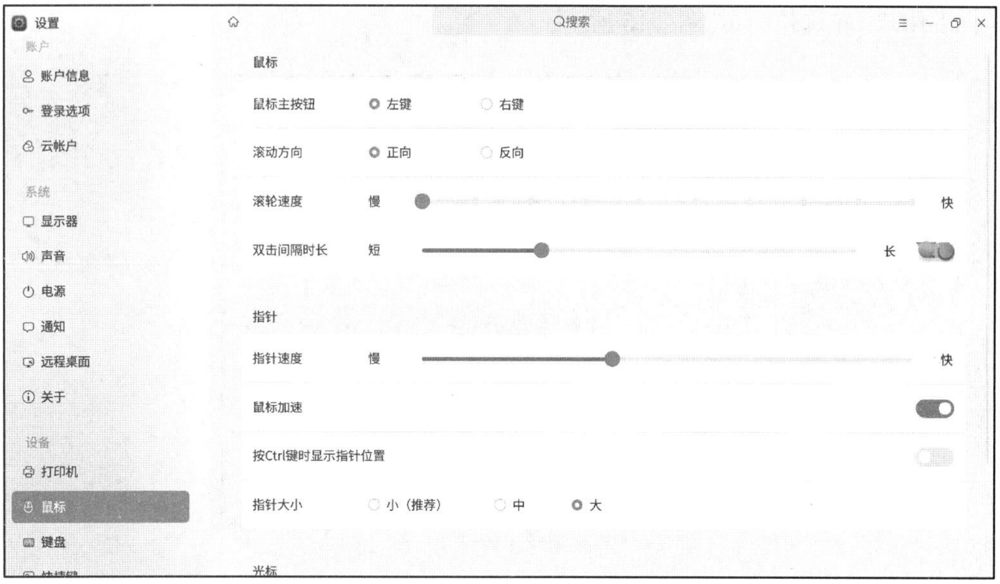

图 2.13 “设置”对话框中设置鼠标指针大小

（5）创建一个“标准用户”类型的新的用户账户 abc。

【参考步骤】

① 在“设置”窗口中，单击左侧“账户”下面的“账户信息”，打开如图 2.14 所示的“账户信息”窗口。

图 2.14 “账户信息”窗口

② 单击“其他用户”下方的“添加”。在打开的“新建用户”窗口的“用户名”文本框中输入“abc”，在“密码”文本框中输入 8 位包含两种字符类型的密码，然后选中“标准用户”单选按钮，如图 2.15 所示。

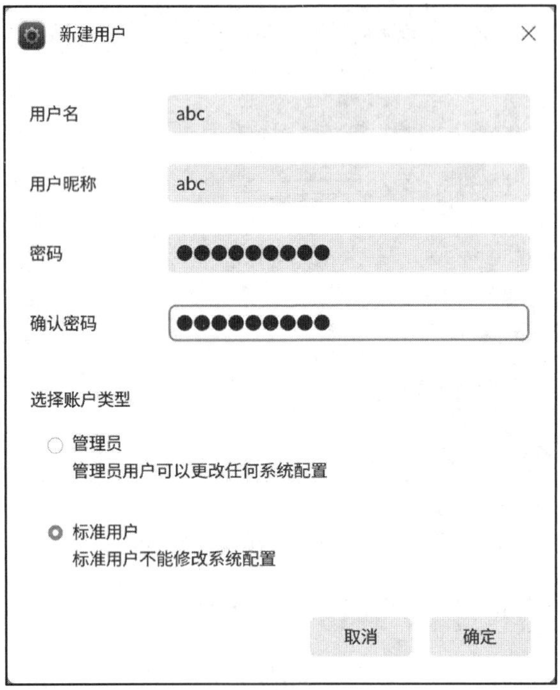

图 2.15　创建新账户

③ 单击“确定”按钮，弹出“授权”窗口，如图 2.16 所示，输入密码，单击“授权”按钮。

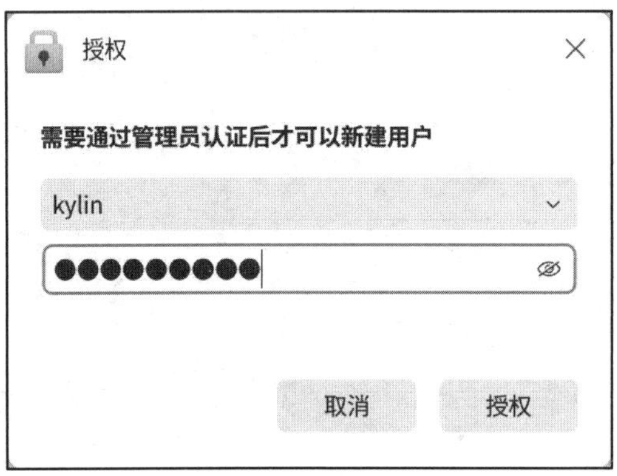

图 2.16　“授权”窗口

④ 返回到“账户信息”窗口，可看到创建的新用户账户 abc。

（6）更改 abc 用户账户类型为“管理员”，并修改其密码。

【参考步骤】

① 在“账户信息”窗口中，单击标准用户 abc 右侧的“账户类型”，在打开的“用

户类型”窗口中，选择“管理员账户”，单击“确定”按钮即可。

② 在“账户信息”窗口中，单击标准用户 abc 右侧的“修改密码”，打开“修改密码”窗口，在“新密码”和“确认新密码”文本框中分别输入两遍相同的新用户账户密码，单击“确定”按钮即可。

（7）在桌面上添加画图工具。

【参考步骤】

单击“开始”按钮，右击“画图”，在弹出的快捷菜单中选择“添加到桌面快捷方式”命令；或在“开始”菜单中，用鼠标将“画图”拖到桌面上，在桌面上就添加上了画图工具。

（8）安装并卸载一应用程序，例如“QQ”。

【参考步骤】

① 单击“开始”菜单中的“软件商店”，在顶部搜索栏中搜索“QQ”，单击“安装”，下载安装完成后，可在桌面和“开始”菜单栏中找到对应图标。

② 在“开始”菜单中右击“QQ”程序图标，选择“卸载”命令，在打开的卸载向导对话框中单击“卸载”按钮，如图 2.17 所示。

图 2.17　“卸载”程序

2.4　实验四：麒麟 V10 的常用程序

1. 实验目的

（1）掌握“画图”程序的使用方法。

（2）掌握“截图工具”程序的使用方法。

2. 实验内容

（1）使用“画图”程序作画。
（2）使用“截图工具”程序截取屏幕部分图形。

3. 实验参考步骤

（1）使用“画图”程序作画。

【参考步骤】

① 单击“开始”按钮，选择“画图”，打开如图 2.18 所示的“画图”窗口。

② “画图”窗口由标题栏、功能区、绘图区、状态栏等部分组成。利用系统提供的工具可在绘图区作画。

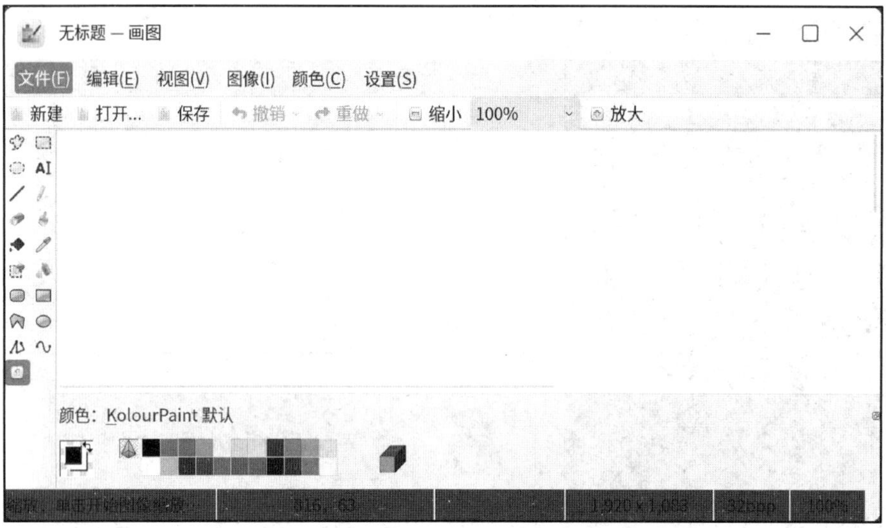

图 2.18 “画图”窗口

（2）使用“截图工具”程序截取屏幕部分图形。

【参考步骤】

① 单击“开始”按钮，选择“截图”工具，按住鼠标左键在桌面上拖动光标选择屏幕截图区域，如图 2.19 所示。

② 单击“√”，可将截图复制到剪贴板，单击“保存”，可将截图保存为图片。

图 2.19　截图工具

本章实验小结

（1）麒麟 V10 的启动、关闭与基本操作。

启动麒麟 V10 操作系统，了解麒麟 V10 的桌面组成元素，进行麒麟 V10 桌面图标等设置。练习对“开始”菜单和任务栏进行操作，使用“睡眠”“锁定”或“重启”方式之一关闭麒麟 V10。

（2）使用麒麟 V10 进行文件夹和文件的操作。

对文件夹或文件进行新建、重命名、设置属性、复制、创建快捷方式等操作。

（3）使用麒麟 V10 进行系统设置。

在“设置”窗口中可以对颜色、声音、程序、显示器、输入法、鼠标等进行设置，还可以对账户进行创建、修改等操作。

（4）麒麟 V10 常用程序。

麒麟 V10 提供的应用程序一般都是通过单击“开始”按钮，再选择命令来启动，主要包括“画图”和“截图”等应用程序。

应 用 练 习

对已经安装了麒麟 V10 的计算机进行如下操作：

（1）启动计算机，练习关闭计算机的各种方式。

（2）检查一下桌面图标，把经常使用的“计算器”和“音乐”等图标添加到桌面上。

（3）将“画图”工具添加到桌面的右上方。

（4）在本机的 D 盘中添加“学习素材”文件夹，将本学期积累的有关学习资料的文件夹或文件复制或移动到该文件夹下；删除无用的文件或文件夹；在桌面上创建该文件夹的快捷方式。

（5）添加一种你喜欢用的输入法；在本机中添加室友的账户和密码；修改自己账户类型为“管理员”。

（6）使用系统自带的“画图”程序画一幅风景画；使用“截图”程序截取屏幕部分图形。

第 3 章　文字处理高级应用

3.1　实验一：WPS Office 长文稿的创建、保存和编辑

1. 实验目的

（1）掌握 WPS Office 启动与退出方法。

（2）掌握 WPS Office 文字处理窗口的基本设置和页面显示比例操作方法。

（3）掌握文字文稿的创建和关闭、自动保存和特定位置保存方法和技巧。

（4）掌握特殊字符输入技巧、中英文转换方法、英文字母大小写转换的方法与快速输入英文单词的技巧。

（5）熟练掌握文本编辑的基本方法与技巧，以及查找与替换功能的灵活应用。

（6）熟练掌握长文稿的多种组织途径与方法。

2. 实验内容

（1）依次隐藏或显示功能区、在功能区上方或下方显示快速访问工具栏、自定义快速访问工具栏、自定义状态栏，观察其窗口的变化。

① 启动 WPS Office，新建文字文稿。

② 隐藏或显示 WPS Office 文字处理功能区，观察其窗口的变化。

③ 在功能区下方或上方显示快速访问工具栏，观察其窗口的变化。

④ 自定义快速访问工具栏，观察其窗口的变化。

⑤ 自定义状态栏，观察其窗口的变化。

（2）用两种方法将页面显示比例分别调整为 50%、75%、100%。

（3）文字文稿的创建、保存和关闭。

① 按照如图 3.1 所示样张一的格式和内容输入一篇短文，其中，英文、数字用半角，标点符号用全角。

② 输入过程中设置文字文稿的自动保存功能：每隔 10 分钟自动保存一次。

③ 输入完毕，以“论文 1.docx”为文件名保存在“D:\实验指导”下。

④ 关闭文字文稿，退出 WPS Office。

EMS的特点
图片。EMS支持的3种图片格式包括小图片(16×16像素)、大图片(32×32像素)及可变尺寸图片(标准建议图片最大尺寸为96×64像素)，但这取决于手机制造商的实现方式。EMS手机可以接收多张图片，将其无缝地集成并显示出来，但图片是简单的黑白色。
声音。EMS预定义了10种声音，用户还可以再定义一些声音并通过无线方式传给手机，但大小不得超过128字节。在EMS中，定义声音的标准是iMelody，铃声以基于文本的方式表示音调，它的标准化工作由IrDA负责。

图 3.1 样张一

（4）文本的编辑。

① 打开“论文 1.docx”，在互联网上搜索“SMS 的发展”，并将搜索到的文字（内容不限）以“SMS 的发展”为标题复制到文字文稿末尾，不要带任何表格或格式。

② 打开“第 3 章素材 \SMS 短信技术在自动气象站监控和技术保障中的应用 .pdf”，并将其中的部分内容以“SMS 的应用”为标题复制到文字文稿的末尾。

③ 将第 3 章素材文件夹中的“封面 .docx、独创声明 .docx、摘要 .docx、Abstract.docx、创新点摘要 .docx、目录 .docx”依次插入到文字文稿的最前面，在“目录”的后面插入“第 3 章素材 \ 第 1 章 .docx”，在文字文稿末尾插入第 3 章素材中的“第 2 章 .docx、第 3 章 .docx、第 4 章 .docx、第 5 章 .docx、参考文献 .docx、致谢 .docx”。

（5）查找和替换。

① 将按照样张一输入到文字文稿的那段文字中的所有“手机”一词都替换成加粗倾斜显示的“mobile phone”。

② 将复制到文字文稿中的“SMS 应用 .pdf”的部分内容中的段落标记全部删除。

（6）在多窗口中检查文字文稿中的拼写和语法错误。

3. 知识补充

（1）文字文稿的打开。

用户需要修改、编辑、查看或者打印已有的文字文稿时，都需要打开文字文稿。

在 WPS Office 打开文字文稿时，还可以使用多种打开方式。在选定要打开的文件名后，单击“打开”下拉按钮 ▾，会弹出一个下拉列表，从中选择所需要的选项。

（2）关闭文字文稿。

在 WPS Office 文字处理中，用户可以打开多个文字文稿，在完成文字文稿的编辑操作后，需要将文字文稿关闭。

关闭文字文稿可以用以下几种方法。

① 单击“文件”|“退出”选项。

② 单击 WPS Office 文字处理窗口右上角的“关闭”按钮。

③ 按 Alt+F4 快捷键。

（3）选定文本。

要对一部分或一整块的文本进行编辑操作，必须先选定该文本，才能进行操作。用键盘或鼠标选定的并凸出显示的一段文本称为文本块，一旦选定了文本块就可以对它进行多种操作。

下面是选定文本块的一些快捷方式。

① 鼠标方式。

选定一行文字：将鼠标光标移动到该行的左侧，直到鼠标指针变成一个向右箭头，然后单击。

选定多行文字：将鼠标光标移动到该行的左侧，直到鼠标指针变成一个向右箭头，然后向上或向下拖动鼠标。

选定一个句子：按住 Ctrl 键，同时在某句的任何地方单击。

选定一个段落：将鼠标光标移动到该段落的左侧，直到鼠标指针变成一个向右箭头，然后双击。或者在该段落的任何地方三击。

选定多个段落：将鼠标光标移动到该段落的左侧，直到鼠标指针变成一个向右箭头，然后双击，并向上或向下拖动鼠标。

选定一大块文字：单击要选内容的开始，滚动鼠标光标到要选内容的结束，然后按住 Shift 键并单击。

选定整篇文字文稿：将鼠标移动到文字文稿正文的左侧，直到鼠标指针变成一个向右箭头，然后三击。

选定垂直的一块文字（不包括表格单元格）：按住 Alt 键，同时拖动鼠标光标。

选定不连续的文本：按住 Ctrl 键，拖动鼠标选择不连续的文本。

选择格式类似的文本：选定第 1 个格式类似的文本，单击“开始”选项卡｜右侧第二组｜“选择”按钮，在弹出的下拉列表中选择“选择格式相似的文本”，即可选中所有格式类似的文本。例如，选择同一级别的标题，用此方法特别快捷。

② 键盘方式。

Shift+ ←（→）方向键：分别向左（右）扩展选定一个字符。

Shift+ ↑（↓）方向键：分别由插入点处向上（下）扩展选定一行。

Ctrl+Shift+Home：从当前的位置扩展选定到文字文稿开头。

Ctrl+Shift+End：从当前位置扩展选定到文档结尾。

Ctrl+A 或 Ctrl+5（数字小键盘上的数字键 5）：选定整篇文字文稿。

（4）文本的移动、复制。

WPS Office 文字文稿里的字符除了可以通过键盘来输入，还可以通过从本文字文稿、其他文字文稿或网页复制或移动的方法得到。

首先选定要移动或复制的文本，再进行移动、复制等操作。

① 使用剪贴板移动或复制文本。

如果远距离移动或复制文本与图形，就要借助于剪贴板，把需要移动或复制的内容临时保存在剪贴板中，等到需要这些内容时，再粘贴出来。

借助剪贴板，用户可以在编辑具有多种内容对象的文字文稿时更加方便。例如，用户可以事先将各种内容（如文本、表格和图形）复制到剪贴板中。然后在 WPS Office 文字文稿窗口中根据需要随时将这些内容复制到 WPS Office 文字文稿的目标位置，从而降低了反复调用各种工具软件的频率。

② 与键盘结合移动或复制文本。

移动文本：先选定要复制的文本，然后按下 F2 键，这时在状态条中显示出“移至何处？”的提示，将光标（为一虚竖线）移到目的位置后按 Enter 键。

复制文本：先选定要复制的文本，然后按下 Shift+F2 快捷键，这时在状态条中显示出“复制到何处？”的提示，将光标（为一虚竖线）移到目的位置后按 Enter 键。

③ 使用拖动操作移动或复制文本。

移动文本：首先选定要移动的文本，将鼠标移到被选定的文本上，鼠标指针变成箭头形状，按下鼠标左键并拖动，拖到目的位置之后，松开鼠标左键即可。

复制文本：首先选定要复制的文本，将鼠标光标移到被选定的文本上，鼠标指针变成箭头形状，先按住 Ctrl 键，再按下鼠标左键并拖动，拖到目的位置之后，先松开鼠标左键，再松开 Ctrl 键。

（5）删除文本。

① 删除少量文本。

- 按 Backspace 键，删除插入点前的字符。
- 按 Delete 键，删除插入点后的字符。

② 删除大块文本。

- 选定文本后，按 Delete 键。
- 选定文本后，单击“开始”选项卡｜左侧第一组｜“剪切”按钮；或右击鼠标，在快捷菜单中选择“剪切”命令；还可以使用 Ctrl+X 组合键。

（6）撤销和恢复操作。

在输入和编辑文字文稿的过程中，WPS Office 文字处理会自动记录最新的操作和刚执行过的命令。如果不小心误操作，或者要反悔刚才的操作，可以使用 WPS Office 文字处理提供的撤销与恢复功能。

① 撤销：如果想撤销编辑操作中最近一次的误操作，可使用以下两种方法之一来撤销刚才的操作。

- 单击快速访问工具栏上的“撤销”按钮 。
- 按 Ctrl+Z 快捷键。

② 恢复：在经过撤销操作后，撤销”按钮 右边的“恢复”按钮 将被置亮。恢复是对撤销的否定，如果认为不应该撤销最近一次的操作，则单击“恢复”按钮即可恢复最近的操作。

4. 实验参考步骤

（1）依次隐藏或显示功能区、在功能区上方或下方显示快速访问工具栏、自定义快速访问工具栏、自定义状态栏，观察其窗口的变化。

① 启动 WPS Office，新建文字文稿。

【参考步骤】

双击桌面上已经建立的 WPS Office 快捷方式图标，启动 WPS Office 应用程序，单击“＋ 新建”按钮，在“新建”列表框中单击 Office 文档“文字”｜“空白文档”。

② 隐藏或显示 WPS Office 文字处理功能区，观察其窗口的变化。

【参考步骤】

WPS Office 文字处理的功能区将最常用的命令进行集成，能够帮助用户在完成某一个任务时快速找到所需命令。在 WPS Office 文字处理中隐藏或显示功能区常用的有两种方式：

- 单击快速访问工具栏右边的下拉按钮 ⌄ ，从下拉列表中取消或勾选“显示功能区”。
- 右击功能区任意位置，在弹出的列表中取消或勾选“显示功能区”。

③ 在功能区下方或上方显示快速访问工具栏，观察其窗口的变化。

【参考步骤】

右击功能区任意位置，当快速访问工具栏在功能区上方显示时，在弹出的快捷菜单中选择“位置”|“放置在功能区之下”选项，则快速访问工具栏在功能区下方显示；当快速访问工具栏在功能区下方显示时，在弹出的快捷菜单中选择“位置”|“放置在顶端”选项，则快速访问工具栏在功能区上方显示。

或单击快速访问工具栏右边的下拉按钮 ⌄ ，当快速访问工具栏在功能区上方显示时，在弹出的下拉列表中选择“位置”|“放置在功能区之下”选项，则快速访问工具栏在功能区下方显示；当快速访问工具栏在功能区下方显示时，在弹出的下拉列表中选择“位置”|“放置在顶端”选项，则快速访问工具栏在功能区上方显示。

④ 自定义快速访问工具栏，观察其窗口的变化。

【参考步骤】

右击功能区任意位置，在弹出的快捷菜单中选择“自定义命令”|“其他命令”选项，打开“选项”对话框，如图 3.2 所示。

该对话框中有左右两个列表框。从“从下列位置选择命令”下拉列表框中选择命令的类型，接着在其下方的列表框中显示出其所有的命令，从中选择要在快速访问工具栏中显示的命令后，单击“添加”按钮，则被选择的命令就添加到了右边的列表框中，单击“确定”按钮，快速访问工具栏即多了刚添加的命令按钮。

若要删除快速访问工具栏中的某个命令按钮，则在“选项”对话框中右边列表框中选择要删除的命令后，单击“删除”按钮，最后单击“确定”按钮，则删除的命令按钮在快速访问工具栏中消失。

单击快速访问工具栏右边的下拉按钮 ⌄ ，在其下拉列表中也可以自定义快速访问工具栏。下拉列表中有“√”符号的命令选项，说明该命令按钮在快速访问工具栏中已经出现了。单击“自定义命令”|“其他命令”选项，也可打开“选项”对话框。

⑤ 自定义状态栏，观察其窗口的变化。

【参考步骤】

右击文字文稿编辑窗口最下面的状态栏，从弹出的“自定义状态栏”列表中选择要在状态栏中显示的内容，列表中有“√”符号的选项，说明该项在状态栏中已经出现了。从列表中单击有“√”符号的选项，则该项从状态栏中消失。

（2）用两种方法，将页面显示比例分别调整为 50%、75%、100%。

图 3.2　“选项”对话框

【参考步骤】

第一种方法：在“视图”选项卡单击“显示比例”按钮，弹出“显示比例”对话框，如图 3.3 所示。在“显示比例”选项区域中选择所需的显示比例，或在“百分比”文本框中直接输入百分比皆可。也可单击状态栏中的“缩放级别”按钮 100% ，在弹出的列表中调节显示比例。

第二种方法：拖动状态栏中“缩放”滑块，即可看到缩放比例。或单击“放大”按钮 + 或“缩小”按钮 — ，得到所需显示比例。

（3）文字文稿的创建、保存和关闭。

① 按照图 3.1 所示样张一的格式和内容输入一篇短文，其中，英文、数字用半角，标点符号用全角。

【参考步骤】

单击“任务栏”右边的输入法指示器 ，或按 Ctrl+Shift 组合键，选择适合自己的输入法，按照样张一输入文字。输入过程中，注意输入法工具栏的使用，不同汉字输入法的输入法工具栏不尽相同。

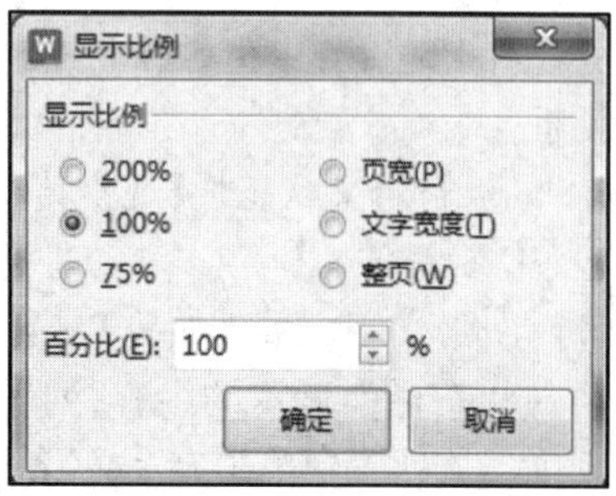

图 3.3　“显示比例”对话框

以搜狗拼音输入法为例，英文、数字用半角，即单击输入法工具栏中的“全 / 半角”按钮，使之成为 状态；标点符号用全角，即单击输入法工具栏中的“中 / 英文标点”按钮，使之成为 状态。

输入键盘上没有的字符时，可右击输入法工具栏中的软键盘按钮 ，从其列表中选择需要的符号类型，然后在出现的软键盘中选择需要的符号。或通过单击“插入”选项卡 | “符号”按钮进行选择。

在英文状态下，如果当前的字母状态是小写，而要输入大写字母，可在按住 Shift 键时，按某字母键，即可得到该字母的大写字母；如果当前的字母状态是大写，而要输入小写字母，可在按住 Shift 键时，按某字母键，即可得到该字母的小写字母。

中英文两种状态的切换，可通过按 Ctrl+ 空格组合键实现。

② 输入过程中设置文字文稿的自动保存功能：每隔 10 分钟自动保存一次。

【参考步骤】

单击“文件” | “备份与恢复” | “备份中心”选项（或单击“文件” | “选项”选项，在打开的“选项”对话框左下角单击“备份中心”按钮），在打开的“备份中心”对话框中单击“本地备份设置”按钮，在出现的“本地备份设置”对话框中选中“定时备份”单选按钮，并在下方数值框中设置自动生成备份时间间隔为 10 分钟，如图 3.4 所示，然后单击“关闭”按钮即可。

③ 输入完毕，以“论文 1.docx”为文件名，保存在“D:\实验指导”下。

图 3.4 设置定时备份时间

【参考步骤】

选择“文件”|“保存”或“另存为”选项，打开“另存为”对话框，在对话框左侧的列表中设定保存的位置。选择“此电脑”，然后双击“本地磁盘(D:)”，单击列表框上方的“新建文件夹”按钮，在文件列表框中新建一个文件夹，并更名为“实验指导”，单击“打开”按钮，在“文件名称”文本框中输入“论文1”，“文件类型”下拉列表框中选择“Microsoft Word 文件(*.docx)”(默认)，如图3.5所示。单击“保存”按钮即可。

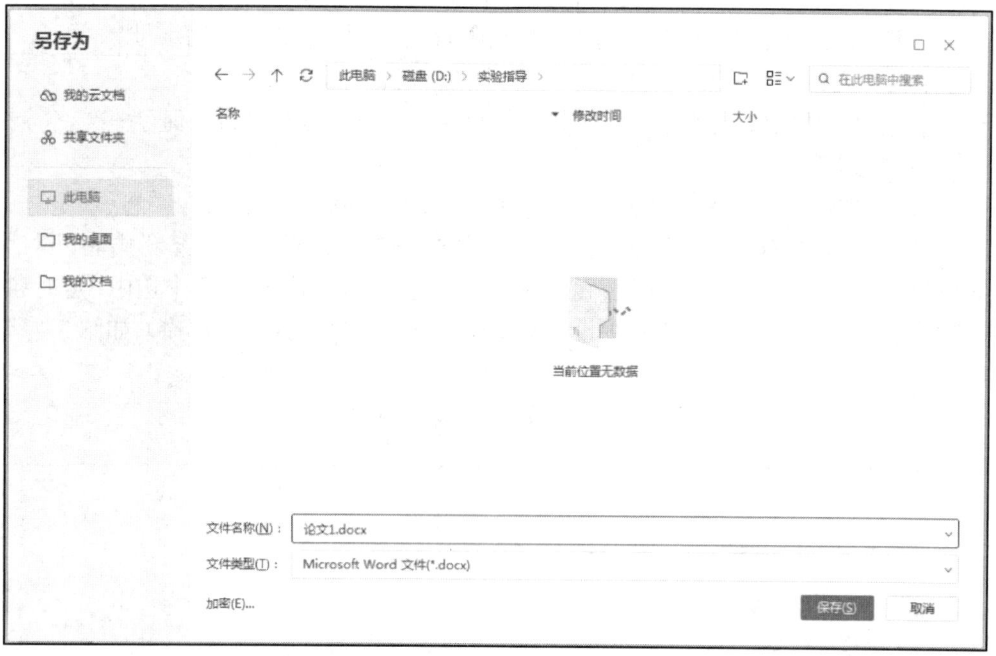

图3.5 “另存为”对话框设置保存位置

④ 关闭文字文稿，退出WPS Office。

【参考步骤】

选择“文件”|“退出”选项，或单击标题栏文稿文件名右边的关闭按钮 ，即可关闭文字文稿，但并没有退出WPS Office；单击标题栏最右边的“关闭”按钮，可关闭文稿并退出WPS Office。如果在关闭文稿之前没有保存文稿，会出现提示对话框，提示用户保存文稿。

(4) 文本的编辑。

① 打开“论文1.docx”，在互联网上搜索“SMS的发展”，并将搜索到的文字(内容不限)以“SMS的发展”为标题复制到文稿末尾，不要带任何表格或格式。

【参考步骤】

双击桌面上的IE或其他浏览器，打开百度或其他网页，在搜索文本框中输入“SMS的发展”进行搜索。用鼠标拖动的方法选定搜索到的文字，按Ctrl+C组合键，将复制的内容送入剪贴板。

双击“论文1.docx”，打开该文稿。在文稿末尾，按Enter键另起一行，输入“SMS

的发展”后，按 Enter 键换行。

单击“开始”选项卡｜左侧第一组｜“粘贴”下拉按钮 ⌄｜“选择性粘贴”选项，打开“选择性粘贴”对话框，如图 3.6 所示，在“粘贴”列表框中，选择“无格式文本”，单击“确定”按钮即可；或单击“开始”选项卡｜左侧第一组｜“粘贴”按钮，或按快捷键 Ctrl+V，将复制的内容插入到目标位置的同时，在复制的内容末尾出现“粘贴选项”按钮，单击此按钮，出现一下拉列表，如图 3.7 所示，从中选择“只粘贴文本”选项。

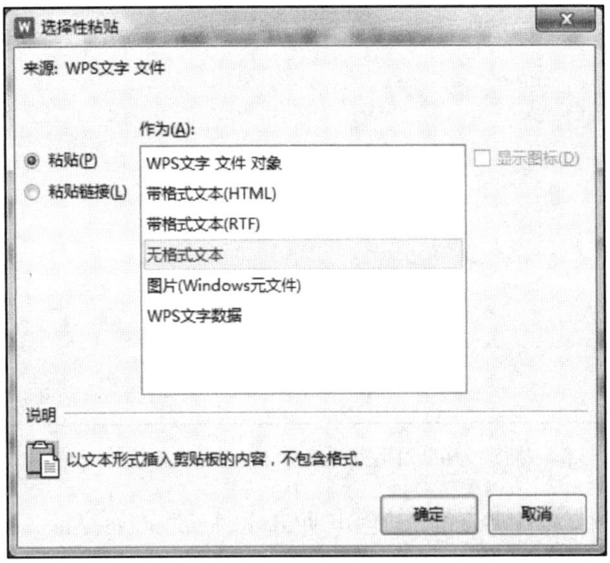

图 3.6　“选择性粘贴”对话框

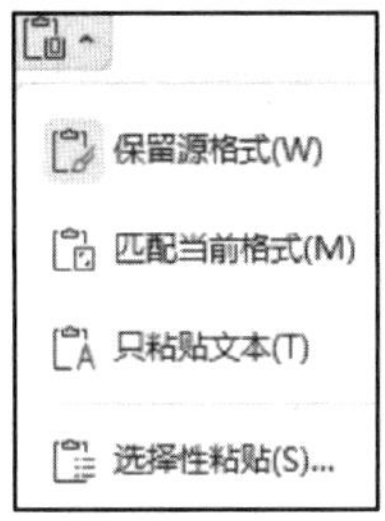

图 3.7　“粘贴选项”列表

② 打开“第 3 章素材\SMS 短信技术在自动气象站监控和技术保障中的应用.pdf”，并将其中的部分内容以“SMS 的应用”为标题复制到文字文稿的末尾。

【参考步骤】

双击“第 3 章素材\SMS 短信技术在自动气象站监控和技术保障中的应用.pdf”，打开该文件，复制部分内容。在“论文 1.docx”文稿的末尾按 Enter 键另起一行，输入标题“SMS 的应用”，将复制的内容粘贴到“SMS 的应用”的下面，保存文稿。

③ 将第 3 章素材中的“封面.docx、独创声明.docx、摘要.docx、Abstract.docx、创新点摘要.docx、目录.docx”依次插入到文稿的最前面，在“目录”的后面插入“第 3 章素材\第 1 章.docx”，在文字文稿末尾插入第 3 章素材中的“第 2 章.docx、第 3 章.docx、第 4 章.docx、第 5 章.docx、参考文献.docx、致谢.docx”。

【参考步骤】

将插入点置于文稿开头，单击“插入”选项卡｜右侧第二组｜“附件”下拉按钮 ⌄｜“文件中的文字”，打开“插入文件”对话框，如图 3.8 所示。从中选择所要插入的文件“封面.docx”（如果当前文件夹没有所要插入的文件，可以在文件列表框左面的列表框或上方的下拉列表框中选择所要插入文件所在的文件夹),单击“打开”按钮即可(双击要插入的文件也可直接插入)。

图 3.8 “插入文件”对话框

用同样方法,把“第 3 章素材”文件夹下的“独创声明 .docx、摘要 .docx、Abstract.docx、创新点摘要 .docx、目录 .docx”依次插入到文稿的前面。将插入点置于“目录”的下一行的行首,再把“第 3 章素材”文件夹下的“第 1 章 .docx”插入到文稿中。将插入点置于文稿末尾,另起一行,依次把“第 3 章素材”文件夹下的“第 2 章 .docx、第 3 章 .docx、第 4 章 .docx、第 5 章 .docx、参考文献 .docx、致谢 .docx”插入到文稿中,保存文稿。

(5)查找和替换。

① 将按照图 3.1 样张一输入到文稿的那段文字中的所有“手机”一词都替换成加粗倾斜显示的“*mobile phone*”。

【参考步骤】

选定已按照样张一输入到文稿的那段文字,单击“开始”选项卡 | 右侧第二组 | “查找替换”按钮 ,打开“查找和替换”对话框,如图 3.9 所示,选择“替换”选项卡,在“查找内容”文本框中输入“手机”,在“替换为”文本框中输入“mobile phone”,用鼠标拖动的方法选定“mobile phone”,单击“查找和替换”对话框中的“格式”按钮,在弹出的下拉列表中选择“字体”命令,打开“替换字体”对话框,如图 3.10 所示,按题目要求进行格式设置,单击“确定”按钮,返回到“查找和替换”对话框。单击“全部替换”按钮,即可把所选段落中的所有“手机”一词都替换成加粗倾斜显示的“*mobile phone*”。单击“关闭”按钮,关闭“查找和替换”对话框。

图 3.9　“查找和替换”对话框

图 3.10　“替换字体”对话框

② 将复制到文字文稿中的“SMS应用.pdf”的部分内容中的段落标记全部删除。

【参考步骤】

用拖动鼠标的方法，选定已复制到文稿中的“SMS短信技术在自动气象站监控和技术保障中的应用.pdf”的部分内容。在如图3.11所示的“查找和替换”对话框中，将插入点置于“查找内容”文本框中，再单击“特殊格式”按钮，从弹出的下拉列表中选择“段落标记”命令，“查找内容”文本框中将显示“^p”；“替换为”文本框中为空，然后单击“全部替换”按钮，即可将所选段落的所有段落标记全部删除。最后单击“关闭”按钮，关闭“查找和替换”对话框。然后保存并关闭文稿。

图3.11 用“查找和替换”对话框删除段落标记

（6）在多窗口中检查文稿中的拼写和语法错误。

【参考步骤】

① 在WPS Office文字处理中，选择“文件”|“选项”命令，在打开的“选项”对话框中选择“拼写检查”选项，如图3.12所示。

② 在“拼写检查”选项区域选中“输入时拼写检查”“总提出更正建议”“忽略所有字母都大写的单词”“忽略带数字的单词”“忽略Internet或网络路径”复选框，设置相关功能。

③ 在WPS Office文字处理中，单击“审阅”选项卡|左侧第一组|“拼写检查”按钮，打开“拼写检查”对话框，然后根据具体情况进行忽略或更改等操作。

图 3.12　“选项”对话框

3.2　实验二：文稿的格式化与排版

1. 实验目的

（1）熟练掌握对字符的格式化操作方法。

（2）熟练掌握“格式刷”的使用方法。

（3）熟练掌握对段落的格式化操作方法。

（4）掌握项目符号和编号的使用方法。

（5）掌握边框和底纹的设置方法。

（6）掌握对段落的分栏和首字下沉设置方法。

2. 实验内容

（1）按照如图 3.13 所示的样张二格式化文本。

独 创 声 明

本人郑重声明所呈交的论文是我个人在导师指导下进行的研究工作及取得的研究成果。据我所知，文中除了特别加以标注和致谢的地方外，不包含其他人已经发表或撰写过的研究成果，也不包含为获得清华大学或其他教育机构的学位或证书而使用过的材料。与我一同工作的同志对本研究所做的任何贡献均已在论文中作了明确的说明并表达了谢意。特此声明。

本人如违反上述声明，愿意承担以下责任和后果：

1．交回学校授予的学位证书。

2．学校可在相关媒体上对作者本人的行为进行通报。

3．本人按照学校规定的方式，对因不当取得学位给学校造成的名誉损害，进行公开道歉。

4．本人负责因论文成果不实产生的法律纠纷。

签 名： 年 月 日

关于论文使用授权的说明

本人完全了解清华大学有关保留、使用学位论文的规定，即：学校有权保留送交论文的复印件及电子版，允许论文被查阅和借阅；学校可以公布论文的全部或部分内容，可以采用影印、缩印或其他复制手段保存论文。

学生签名： 年 月 日

导师签名： 年 月 日

图 3.13 样张二

① 打开“论文 1.docx”，将标题“独创声明”和“关于论文使用授权的说明”设置为小二号、黑体、双下划线，将“（保密论文在解密后应遵守此规定）”隐藏，正文设置为宋体、小四号。

② 将“独创声明”的字符间距设为 5 磅（注意：不要使居中后的标题偏左）。

③ 将标题“独创声明”和“关于论文使用授权的说明”居中显示。

④ 将正文的每个段落都设置为首行缩进 2 个字符，行距设置为多倍行距：1.25。

⑤ 将以“本人郑重声明所呈交的论……”开始段和以“本人完全了解清华大学有关……”开始段的段前、段后间距都设为 6 磅。

（2）按照如图 3.14 所示的样张三设置边框和底纹。

① 为“第 3 章素材 \ 个人简历 .docx”加上艺术型的页面边框。

② 为“第 3 章素材 \ 个人简历 .docx”中的发表的论文加上带阴影的、3 磅的段落边框，颜色为浅绿色。

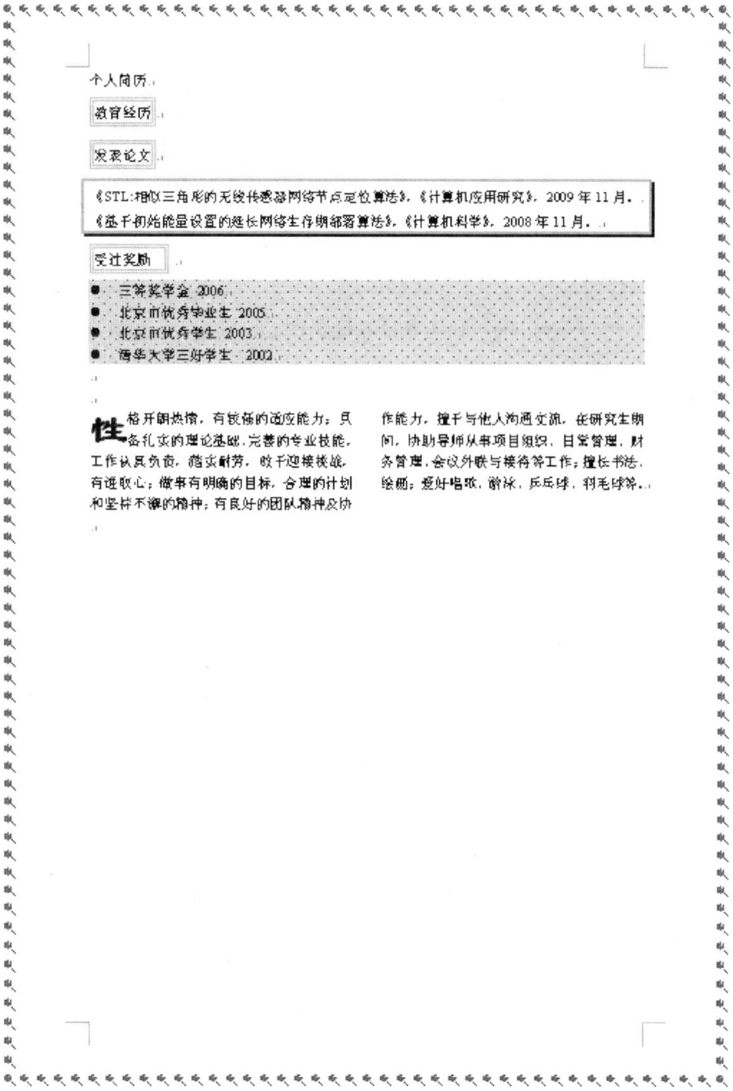

个人简历

教育经历

发表论文

《STL:相似三角形的无线传感器网络节点定位算法》，《计算机应用研究》，2009年11月。
《基于初始能量设置的延长网络生存期部署算法》，《计算机科学》，2008年11月。

受过奖励

- 三等奖学金 2006
- 北京市优秀毕业生 2005
- 北京市优秀学生 2003
- 清华大学三好学生 2002

性格开朗热情，有较强的适应能力；具备扎实的理论基础，完善的专业技能，工作认真负责，踏实耐劳，敢于迎接挑战，有进取心；做事有明确的目标，合理的计划和坚持不懈的精神；有良好的团队精神及协作能力，擅于与他人沟通交流，在研究生期间，协助导师从事项目组织，日常管理，财务管理，会议外联与接待等工作；擅长书法，绘画；爱好唱歌，游泳，乒乓球，羽毛球等。

图 3.14 样张三

③ 为“第3章素材\个人简历.docx”中的“教育经历”“发表论文”“受过奖励”加上字符边框，线型为双线型，颜色为绿色。

④ 将“第3章素材\个人简历.docx”中受过的奖励添加底纹，填充颜色为茶色，图案样式为“5%”，图案颜色为绿色。

（3）项目符号和编号的使用。

① 按照样张三将“第3章素材\个人简历.docx”中受过的奖励加上项目符号“●”。

② 按照如图3.15所示的样张四将“论文1.docx”中的“参考文献”部分的参考文献加上编号“［1］［2］［3］……”。

（4）按照样张三分栏。

将“第3章素材\个人简历.docx”中的“性格开朗热情，有较强的适应能力”所在段落分成两栏。

[1] 谭思亮，郝超群等.Visual C++串口通信工程开发实例导航[M].北京：人民邮电出版社，2003.

[2] 李现勇.Visual C++串口通信技术与工程实践[M]. 2 版.北京：人民邮电出版社，2004.

[3] 崔建华，郭瑞军.Delphi 串口通信工程开发实例导航[M].北京：人民邮电出版社，2003.

[4] 贾宏宇，赵俊峰.短消息平台的原理与设计.小型微型计算机系统[J].2005；24（5）：819-824.

……

图 3.15　样张四

（5）按照样张三首字下沉及格式设置。

将“第 3 章素材 \ 个人简历 .docx”中的“性格开朗热情，有较强的适应能力”所在段落设置为首字下沉，下沉字为隶书、加粗，下沉行数为 2 行。

3. 知识补充

（1）使用“字体”对话框格式化字符。

选定要被格式化的文本，单击“开始”选项卡｜左侧第二组右下角的对话框启动器按钮，打开“字体”对话框。对话框中有两个选项卡：“字体”和“字符间距”。

① 在“字体”选项卡中可以设置字体、字形、字号、颜色、下划线、特殊效果等。其中字号有 30 多种字号可供选择，也可以直接输入数字。

② 在“字符间距”选项卡中设置字符之间的距离。

当要改变字符间距时，则可以选择对话框中的“字符间距”选项卡，如图 3.16 所示，根据提示做出设置。

缩放：指缩小或扩大字符的宽和高比值，用百分比来表示。

间距：加宽或紧缩字符间距，以磅为单位。注意：加宽字符间距是指加宽选定的字符与后面字符之间的距离，如图 3.17 所示。因此，在实际加宽标题字符之间距离时，最后一个字符不要选定。例如，将标题“独创声明”的字符间距设为 5 磅，设置时，选定的字符应该只有“独创声”，不应该是“独创声明”，否则，该标题居中时，整个标题偏左 5 磅。

位置：被选定字符的升降，以磅为单位。“位置”下拉列表框有“标准”“上升”“下降”3 种选择。

（2）使用“开始”选项卡的左侧第二组按钮格式化字符。

首先选定要进行字符格式化的文本，单击“开始”选项卡的左侧第二组相应按钮即可。

（3）使用浮动工具栏设置字符格式。

当选中要设置格式的文本时，在所选区域右上角会看到一个工具栏，如图 3.18 所示。将鼠标指针指向该工具栏，可以设置需要的字体、字号等格式。

（4）“格式刷”按钮的使用。

格式刷是一种特殊的复制、粘贴工具，主要用于对字符、段落和单元格的格式化。

图 3.16　“字体”对话框的“字符间距”选项卡

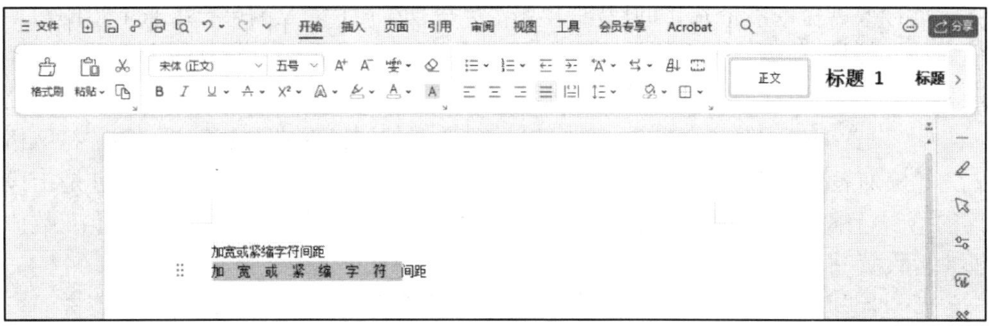

图 3.17　加宽字符间距操作实例

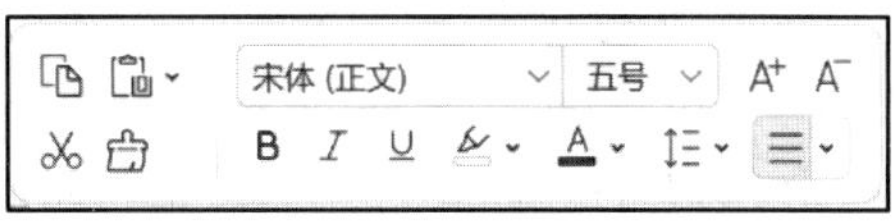

图 3.18　浮动工具栏

其工作原理是将已设置好的样本格式快速复制到文稿或工作表中需设置此格式的其他部分,使之自动与样本格式一致。在进行版面格式的编排时,使用格式刷可以避免大量的重复性操作,大大提高工作效率。当用户需要为不同文本重复设置相同格式时,即可使用格式刷工具,提高工作效率。操作步骤如下。

① 在WPS Office文字处理文稿窗口中选中已经设置好格式的文本块。

② 在“开始”选项卡,单击或双击“格式刷”按钮。若单击“格式刷”按钮,则格式刷记录的文本格式只能被复制一次;若要进行多次格式复制,则需要双击“格式刷”按钮。

③ 将鼠标指针移至文稿文本区域,鼠标指针已经变成刷子形状。按住鼠标左键拖选需要设置格式的文本,则格式刷刷过的文本将被应用为被复制的格式。

完成格式的复制后,在刷文本之前,若是双击“格式刷”按钮,则再次单击“格式刷”按钮或按Esc键,将停止使用格式刷。

(5)使用“段落”对话框格式化段落。

在WPS Office文字处理中,段落是指以用户按Enter键结束的一段图文。弯曲的箭头“↵”就是段落标记。

一个段落的段落标记既表示了当前段落的结束,又表示了下一段落的开始,同时它还记载了该段落的格式信息。通常情况下,下一段落将自动沿用上一段落的格式,除非为下一段落重新设置了格式。如果删除一个段落标记,则下一段的格式也被删除,内容将与下一段落合并,并使用上一段落的段落格式。如果要选定一个段落,必须连同它的段落标记一同选取,否则只能算选定一段文字,而不是段落。

段落的编排最常用的有段落的对齐方式、段落缩进、段内行距和段间距等。

WPS Office文字处理中的段落通常也自动按默认格式编排,如果感到不满意,可以重新设置。设置之前,先要将插入点移至要设置格式的段落内或选中该段落(称之为当前段落),也可同时选中几个连续的段落,从而使设置的结果同时作用在多个段落上。

选择要进行段落格式化的段落,单击“开始”选项卡|左侧第三组右下角的对话框启动器按钮,打开“段落”对话框,如图3.19所示。对话框中共有两个选项卡:“缩进和间距”和“换行和分页”。在此只讨论“缩进和间距”选项卡。

① 设置缩进:“缩进”选项区域可以设置选择的段落左右两边缩进。在“特殊格式”下拉列表框中有“(无)”“首行缩进”“悬挂缩进”3种选择。首行缩进是指段落的第一行缩进,悬挂缩进则是指除段落的第一行外其他行缩进。在“度量值”数值框中可设置缩进的距离。

② 设置间距:间距包括段间距和行间距。段间距指两相临段落之间的距离。行间距指段内的行距,也称行高。“间距”选项区域可以设置选定段落与其前段和后段之间的距离,也可以设置行与行之间的距离。

a. 单倍行距:WPS Office文字处理根据字体大小自动调节的最佳行距,通常为行距的默认值。

b. 1.5倍行距、2倍行距:这两种行距均是相对单倍行距而言的,即设置行距为单倍行距的1.5倍或2倍的行距。

图 3.19 “段落”对话框

c. 最小值:该值通常是由 WPS Office 自动调节为能容纳段中较大字体或图形的最小行距,用户也可通过右边的“设置值”数值框设置一个最小行距值。当设置的行距值小于 WPS Office 自动调节的最小行距时,设置将不起作用。

d. 固定值:将行距设置为不需要 WPS Office 文字处理调节的固定行距。

e. 多倍行距:这里的“多倍”也是相对单倍行距而言的,可通过“设置值”数值框设置倍数。

③ 设置对齐方式:“常规”选项区域的“对齐方式”下拉列表框是用来设置选中段落的对齐方式的,有 5 种对齐方式可供选择:左对齐、居中、右对齐、两端对齐、分散对齐。

(6)使用“开始”选项卡的左侧第三组按钮格式化段落。

使用“开始”选择卡的左侧第三组按钮也可以对段落进行格式化。选中段落后,单击相应的按钮,即可完成对段落的某种格式设置。其中的“项目符号”和“编号”按钮用来给已选择的段落加项目符号或顺序编号。“增加缩进量”和“减小缩进量”按钮用来设置段落左边缩进量,每单击一次,缩进量增加或减少 1 字符。

(7)使用标尺进行段落格式化。

段落缩进也可以利用文稿窗口的水平标尺来快速设置,这种缩进方式非常简洁直观,但不够精确。在水平标尺上有几个缩进标记,可以移动这些缩进标记来改变段落的缩进方式。在移动的过程中，会看到当前段落的相应位置会随缩进标记的移动而移动。例如，要设置段落左边界距左页边界的距离为 2 cm，可以拖动左缩进标记到水平标尺的 2 cm 处，则当前段落左边界缩进 2 cm。

4. 实验参考步骤

（1）按照如图 3.13 所示的样张二格式化文本。

① 打开“论文 1.docx”，将标题“独创声明”和“关于论文使用授权的说明”设置为小二号、黑体、双下划线，将“（保密论文在解密后应遵守此规定）”隐藏，正文设置为宋体、小四号。

【参考步骤】

打开“论文 1.docx”，选定“独创声明”。单击“开始”选项卡｜左侧第二组右下角的对话框启动器按钮，打开“字体”对话框，如图 3.20 所示。选择“字体”选项卡，设置“黑体、小二号、双下划线”后，单击“确定”按钮。

图 3.20 “字体”对话框的“字体”选项卡

将插入点置于“独创声明”中，单击“开始”选项卡｜“格式刷”按钮，按住鼠标左键，刷过“关于论文使用授权的说明”，以使其格式与“独创声明”的格式相同。再次单击“格式刷”按钮，则停止使用“格式刷”。

选中“（保密论文在解密后应遵守此规定）”，在“字体”对话框的“字体”选项卡中的“效果”选项区域中选中“隐藏文字”复选框，单击“确定”按钮。

选中“本人郑重声明所呈交的论文”所在的段落，在“字体”对话框中设置其字体为“宋体、小四号”，单击“确定”按钮。双击“格式刷”按钮，用“格式刷”刷过除标题“独创声明”和“关于论文使用授权的说明”以外的正文，以使正文的格式与“本人郑重声明所呈交的论文”所在的段落格式相同。再次单击“格式刷”按钮，则停止使用“格式刷”。

② 将“独创声明”的字符间距设为 5 磅（注意：不要使居中后的标题偏左）。

【参考步骤】

选定“独创声”（注意：不包含“明”），在“字体”对话框中选择“字符间距”选项卡，如图 3.21 所示。在“间距”下拉列表框中选择“加宽”，在其后的“值”文本框中输入“5”，单位选“磅”，单击“确定”按钮即可。

图 3.21 “字体”对话框的“字符间距”选项卡

③ 将标题“独创声明”和“关于论文使用授权的说明”居中显示。

【参考步骤】

将插入点置于标题“独创声明”中,单击“开始”选项卡｜左侧第三组的“居中对齐”按钮。用同样方法将“关于论文使用授权的说明”居中显示。

④ 将正文的每个段落都设置为首行缩进 2 个字符,行距设置为多倍行距:1.25。

【参考步骤】

选中正文部分的“本人郑重声明所呈交的论文”所在的段落,或将光标置于该段落,单击“开始”选项卡｜左侧第三组右下角的对话框启动器按钮,打开“段落”对话框,如图 3.22 所示。

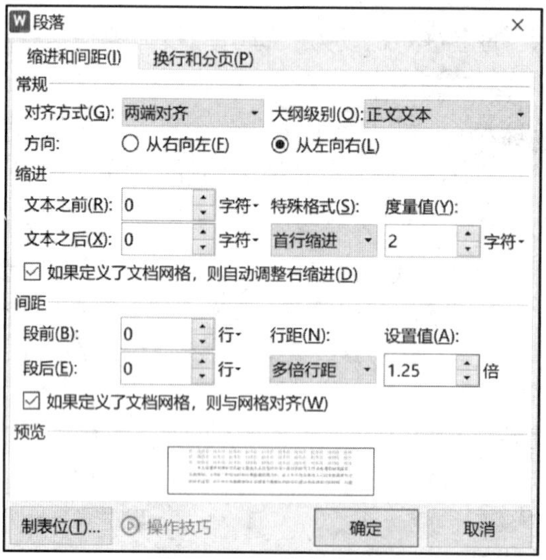

图 3.22 “段落”对话框

选择“缩进和间距”选项卡。在“缩进”选项区域的“特殊格式”下拉列表框中选择“首行缩进”,在其后的“度量值”文本框中输入“2”,单位为“字符”。在“间距”选项区域的“行距”下拉列表框中选择“多倍行距”,在其后的“设置值”文本框中输入“1.25”。单击“确定”按钮,关闭“段落”对话框。

将插入点置于“本人郑重声明所呈交的论文”所在的段落,双击“开始”选项卡｜“格式刷”按钮,按住鼠标左键,刷过或单击正文中的其他段落,以使其他段落的格式与“本人郑重声明所呈交的论文”所在的段落的格式相同。再次单击“格式刷”按钮,则停止使用“格式刷”。

⑤ 将以“本人郑重声明所呈交的论……”开始段和以“本人完全了解清华大学有关……”开始段的段前、段后间距都设为 6 磅。

【参考步骤】

将插入点置于“独创声明”下面的段落中,在“段落”对话框的“缩进和间距”选项卡中,分别在“间距”选项区域的“段前”和“段后”文本框中输入“6 磅”,单击“确定”按钮即可。用同样方法设置“本人完全了解清华大学有关……”开始段。

(2)按照如图 3.14 所示的样张三设置边框和底纹。

① 为“第 3 章素材 \ 个人简历 .docx”加上艺术型的页面边框。

【参考步骤】

打开“第 3 章素材 \ 个人简历 .docx”。单击“页面”选项卡 | 左侧第二组 |“页面边框”按钮（或单击“开始”选项卡 | 左侧第三组 |“边框”下拉按钮 ⌄ |“边框和底纹”选项），打开“边框和底纹”对话框，如图 3.23 所示，选择“页面边框”选项卡，在“艺术型”下拉列表框中选择一种图案，在“应用于”下拉列表框中选择“整篇文档”，单击“确定”按钮即可。

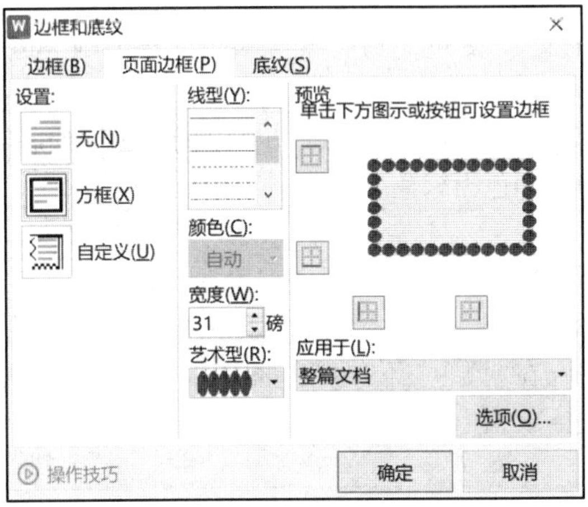

图 3.23 “边框和底纹”对话框的“页面边框”选项卡

② 为“第 3 章素材 \ 个人简历 .docx”中发表的论文加上带阴影的、3 磅的段落边框，颜色为浅绿色。

【参考步骤】

选定“个人简历”中发表的论文，在“边框和底纹”对话框中，选择“边框”选项卡，如图 3.24 所示，在“设置”选项区域选择“方框”，在“颜色”下拉列表框中选择“浅绿”，在“宽度”下拉列表框中选择“3 磅”，在“应用于”下拉列表框中选择“段落”，单击“确定”按钮即可。

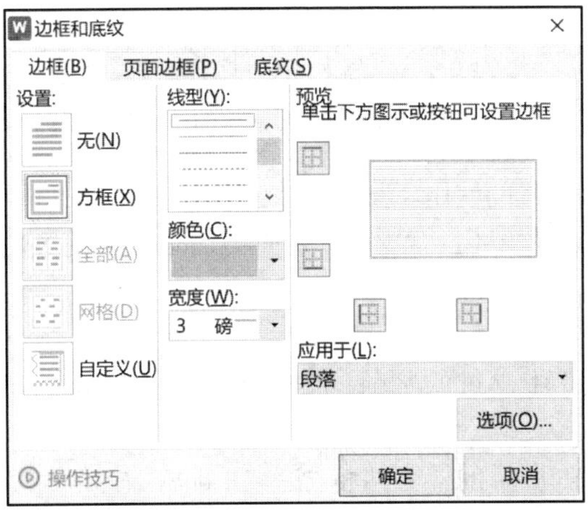

图 3.24 “边框和底纹”对话框的“边框”选项卡

③ 为“第3章素材\个人简历.docx”中的“教育经历”“发表论文”“受过奖励”加上字符边框，线型为双线型，颜色为绿色。

【参考步骤】

选定“个人简历”中的“教育经历”，选择“边框和底纹”对话框的“边框”选项卡，在“设置”选项区域选择“方框”，在“样式”列表框中选择“双线型”，在“颜色”下拉列表框中选择“绿色”，在“应用于”下拉列表框中选择“文字”，最后单击“确定”按钮即可。

将插入点置于“教育经历”中，双击“格式刷”，鼠标指针变成刷子形状时，按住鼠标左键，刷过“发表论文”“受过奖励”。然后单击“格式刷”按钮，终止“格式刷”的使用。

④ 将“第3章素材\个人简历.docx”中受过的奖励添加底纹，填充颜色为茶色，图案样式为“5%”，图案颜色为绿色。

【参考步骤】

选定“个人简历”中受过的奖励，选择“边框和底纹”对话框中的“底纹”选项卡，如图3.25所示，在“填充”选项区域选择茶色。在“图案”选项区域的“样式”下拉列表框中选择“5%”，在“颜色”下拉列表框中选择“绿色”。在“应用于”下拉列表框中选择“段落”，单击“确定”按钮即可。

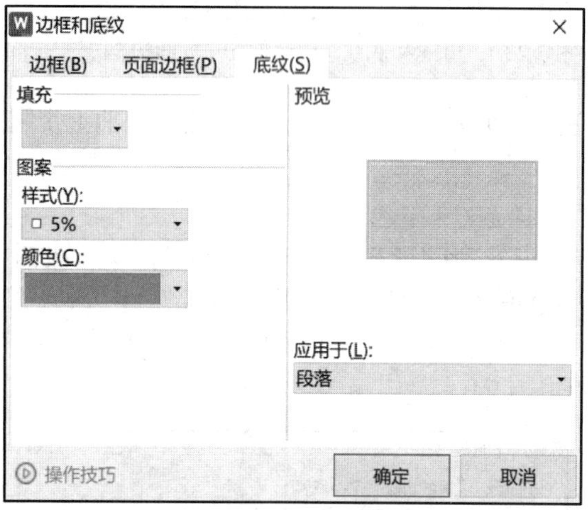

图3.25 “边框和底纹”对话框的“底纹”选项卡

（3）项目符号和编号的使用。

① 按照样张三将“第3章素材\个人简历.docx”中受过的奖励加上项目符号“●”。

【参考步骤】

选定“个人简历”中受过的奖励，单击“开始”选项卡｜左侧第三组｜“项目符号”按钮 ☰ 。

② 按照如图3.15所示的样张四将“论文1.docx”中的“参考文献”部分的参考文献加上编号“［1］［2］［3］……”。

【参考步骤】

选定“论文 1.docx”中“参考文献”部分的参考文献，单击“开始”选项卡｜左侧第三组｜“编号”下拉按钮 ⌄ ，弹出编号列表框，如图 3.26 所示。

在该列表框中，单击“自定义编号”选项，打开“项目符号和编号”对话框，如图 3.27 所示，在“编号”选项卡中任选一种编号后单击“自定义”按钮，打开“自定义编号列表”对话框，如图 3.28 所示，修改“编号格式”为［①］，“编号样式”选择“1，2，3，…”，单击“确定”按钮即可。

（4）按照样张三分栏。

将“第 3 章素材 \ 个人简历 .docx”中的“性格开朗热情，有较强的适应能力”所在段落分成两栏。

【参考步骤】

将插入点置于“第 3 章素材 \ 个人简历 .docx”中的“性格开朗热情，有较强的适应能力”所在段落末尾，按 Enter 键，使该段落不再是最后一个段落。

选中“性格开朗热情……”段落，单击“页面”选项卡｜左侧第一组｜“分栏”下拉按钮 ⌄ ｜“两栏”选项即可。

或单击“页面”选项卡｜左侧第一组｜“分栏”下拉按钮 ⌄ ｜“更多分栏”选项，打开“分栏”对话框，如图 3.29 所示，在“预设”选项区域，选择“两栏”选项，单击“确定”按钮即可。

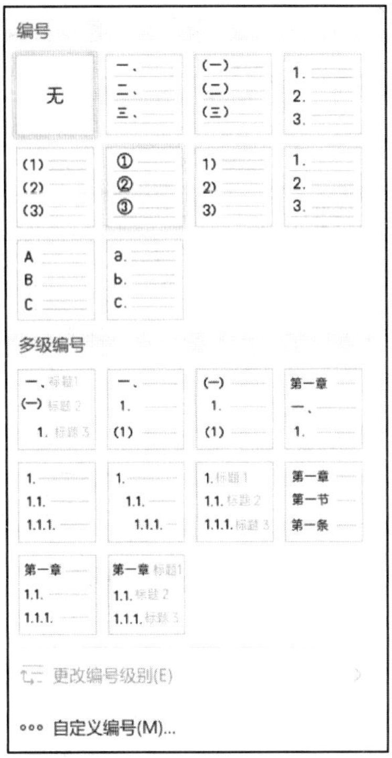

图 3.26　“编号”下拉列表框

图 3.27　“项目符号和编号”对话框

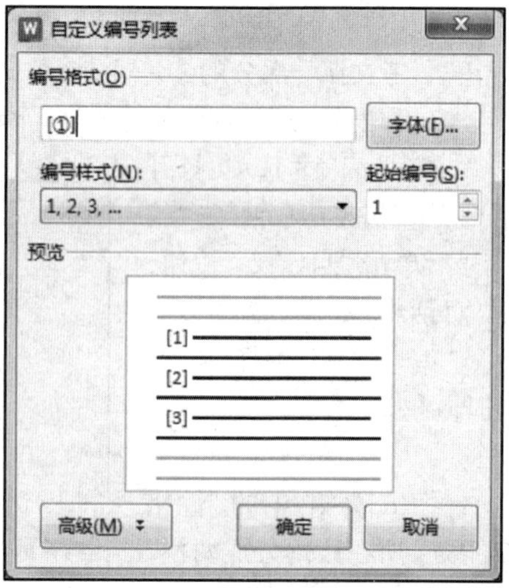

图 3.28 “自定义编号列表”对话框

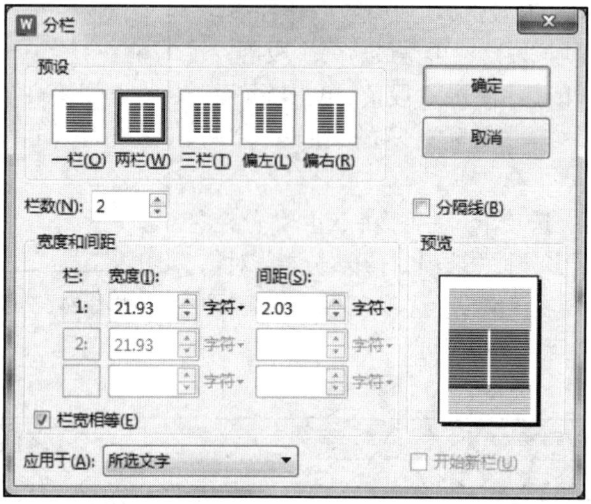

图 3.29 “分栏”对话框

（5）按照样张三进行首字下沉及格式设置。

将“第3章素材\个人简历.docx”中的“性格开朗热情，有较强的适应能力”所在段落设置为首字下沉，下沉字为隶书、加粗，下沉行数为2行。

【参考步骤】

将插入点置于“第3章素材\个人简历.docx”中的“性格开朗热情，有较强的适应能力”所在段落，单击“插入”选项卡｜右侧第二组｜“首字下沉”按钮，打开“首字下沉”对话框，如图3.30所示。

图 3.30 “首字下沉”对话框

在该对话框的“位置”选项区域选择“下沉”。在“选项”选项区域，在“字体”下拉列表框中选择

“隶书”，在“下沉行数”文本框中输入“2”，单击“确定”按钮。

选中下沉的字符“性”，单击“开始”选项卡｜左侧第二组｜“加粗”按钮即可。

3.3 实验三：表格制作、编辑与格式化

1. 实验目的

（1）掌握创建表格的方法。

（2）掌握编辑表格的方法。

（3）掌握格式化表格的方法。

（4）掌握表格与文字的相互转换方法。

2. 实验内容

（1）在素材“第 2 章”的最后创建如图 3.31 所示的表格，并对表格进行格式化设置。

<table>
<tr><th rowspan="2" colspan="3">型号
项目</th><th>华硕</th><th>方正</th><th>紫光</th></tr>
<tr><th>L130</th><th>E2500</th><th>AL220M</th></tr>
<tr><td rowspan="4">配置与性能</td><td colspan="2">配置</td><td>1.8</td><td>1.6</td><td>1.9</td></tr>
<tr><td rowspan="2">基准性能测试</td><td>图形子系统性能</td><td>1.7</td><td>1.2</td><td>1.4</td></tr>
<tr><td>磁盘子系统性能</td><td>1.2</td><td>0.45</td><td>0.68</td></tr>
<tr><td colspan="2">稳定性测试</td><td>1.9</td><td>2</td><td>2</td></tr>
</table>

图 3.31 产品配置与性能

① 在文稿中建立一个如图 3.32 所示的表格。

<table>
<tr><td rowspan="2" colspan="3"></td><td></td><td></td><td></td></tr>
<tr><td></td><td></td><td></td></tr>
<tr><td rowspan="4"></td><td colspan="2"></td><td></td><td></td><td></td></tr>
<tr><td rowspan="2"></td><td></td><td></td><td></td><td></td></tr>
<tr><td></td><td></td><td></td><td></td></tr>
<tr><td colspan="2"></td><td></td><td></td><td></td></tr>
</table>

图 3.32 空表格

② 在表格左上角的单元格内绘制斜线表头，并按照图 3.31 往表格中填入数据。

③ 调整行高和列宽，使右 3 列的列宽根据表格内容自动调整，各行的行高一样高，右 3 列的列宽一样宽，并且使“配置与性能”竖排，“基准性能测试”分两行、每行 3 个字。

④ 表格中所有数据均采用中部居中。

⑤ 整个表格外边框为1.5磅的粗线。

（2）在“论文1.docx”中“封面”的中下位置，建立如图3.33所示的表格并进行编辑；在“第3章素材\个人简历.docx”的“个人简历”下面插入如图3.34所示的表格并进行编辑。

① 在一个空白文稿中制作一个10行、2列的表格。

② 将表格从序号为6的行开始（含该行），将表格拆分成两个表格。

学科门类：	工学
学科专业：	×××
培养方向：	×××
硕士生：	×××
指导教师、职称：	××× 教授

图3.33 封面中的表格

姓　　名：夏天	性　　别：女
出生日期：1984.12.25	民　　族：汉族
籍　　贯：北京	学　　位：硕士
毕业院校：清华大学	专　　业：计算机应用技术
英语水平：CET-6	政治面貌：中共党员

图3.34 个人简历中的表格

③ 将拆分的一个表格按照图3.33填充数据，并将数据设置为“仿宋-GB2312、三号、加粗”。调整第1列中字符间距，并将第1个字和最后1个字上下对齐、冒号与最后1个字之间的距离不变。设置表格线，使表格线在浏览时能看到、打印时看不到。将制作好的表格复制到封面的中下位置。

④ 将拆分的另一个表格添加3列，将第5列合并成一个单元格，设置第1列和第3列的列宽为2.1厘米、第2列的列宽为5.5厘米、第4列的列宽为3.39厘米。按照图3.34填充数据。将第1列和第3列的文字加粗、第1个字和最后1个字上下对齐、冒号与最后1个字之间的距离不变。将表格设置成淡紫色的底纹、表格线在浏览和打印时都看不到。将制作好的表格复制到“第3章素材\个人简历.docx”的“个人简历”下面。

（3）将“第3章素材\个人简历.docx”的“教育经历”和“发表论文”之间的文字转换成表格，并进行格式设置。

① 将“教育经历”和“发表论文”之间的文字转换成表格，并使表格居中。

② 将表头文字设置为粗体，所有数据设置为中部两端对齐。

③ 设置表格线，使其在浏览和打印时都看不到表格线。

3. 知识补充

（1）创建表格。

在WPS Office文字处理中，把创建表格的命令都集中在功能区的“插入”选项卡中，创建表格有多种方法。下面介绍4种创建表格的方法。

① 使用对话框创建表格。

如果在创建表格的同时指定表格的列宽，可以使用“插入表格”对话框。

- 选择“插入”选项卡｜左侧第二组｜“表格”下拉按钮｜“插入表格”选项，打开“插入表格”对话框，如图 3.35 所示。

● 在对话框中分别输入列数、行数。

● 在“列宽选择”选项区域，如果选中“固定列宽”单选按钮，可以在其后的文本框中输入列的宽度；或者使用默认的“自动列宽”选项，让页面宽度在指定的列数之间平均分配。

● 设置完毕，单击“确定”按钮。

这种用“插入表格”对话框创建表格的方法适合创建大型表格，表格最多可达 600 行和 63 列。

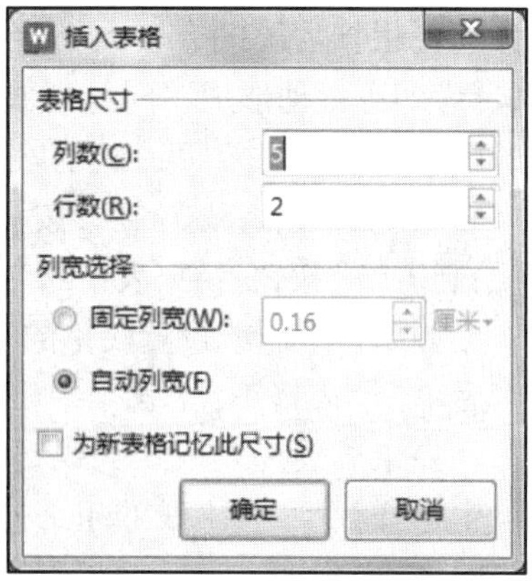

图 3.35　“插入表格”对话框

② 使用拖曳的方法创建表格。

如果要制作一个少于 8 行、24 列的简单表格，可按如下步骤进行。

● 将插入点置于要插入表格的位置。

● 单击“插入”选项卡｜左侧第二组｜“表格”下拉按钮｜，在该按钮下方出现一个示意表格。

● 用鼠标在示意表格中拖动到需要的行数和列数。拖动时，在示意表格的上方显示出当前选定的列数和行数，如“6 行 *5 列表格”，如图 3.36 所示，单击即可得到一个 6 行、5 列的表格。

③ 手工绘制表格。

手工绘制表格的最大优点是：用户可以像使用自己的笔一样随心所欲地绘制出不同行高、列宽的各种不规则的复杂表格。其具体操作方法如下。

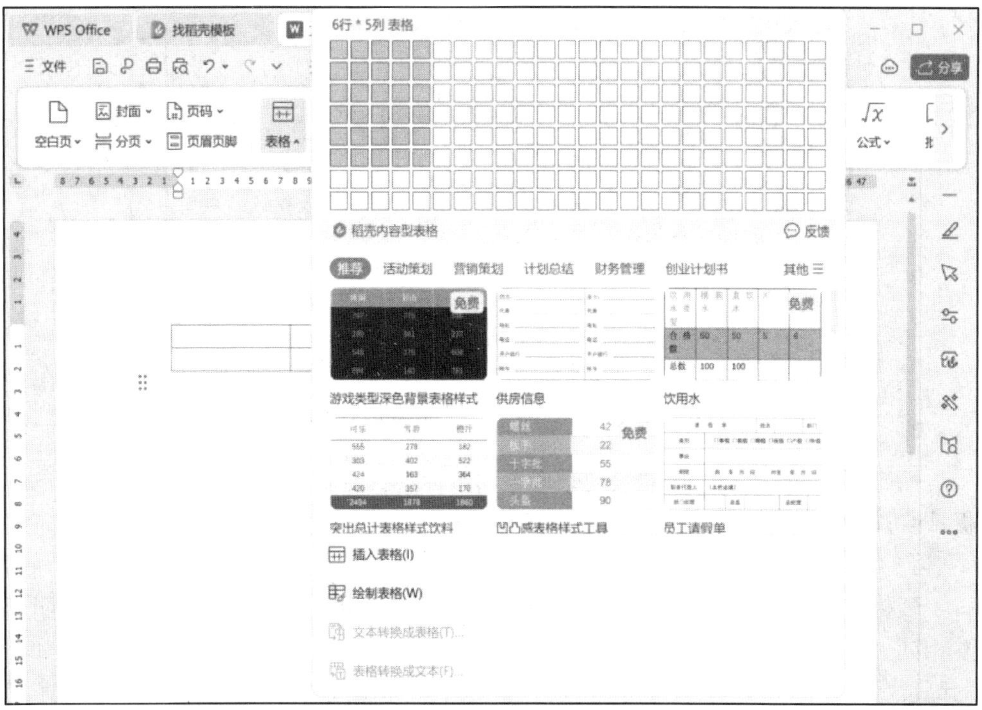

图 3.36　使用拖曳方法创建表格

● 单击“插入”选项卡｜左侧第二组｜“表格”下拉按钮｜“绘制表格”选项。

● 根据需要的表格大小，在文字文稿中拖动鼠标左键画出一个矩形区域后释放鼠标，即可自动形成不同行列数目的表格；拖动鼠标在表格画出从左到右或从上到下的虚线后释放鼠标，可在已有表格中插入行和列。

● 完成表格的绘制后，按 Esc 键或再次单击“表格工具”选项卡｜左侧第二组｜“绘制表格”按钮，结束表格绘制状态。

如果在绘制或设置表格的过程中需要删除某行或某列，先将插入点置于表格中，然后单击“表格工具”选项卡｜左侧第二组｜“擦除”按钮，擦除表格线。

如果要改变表格线的线型、粗细或颜色，可以在“表格样式”选项卡｜右侧第二组中选择线型、表格线的粗细或笔的颜色，当鼠标指针呈现铅笔形状后，重新画表格线即可。

通过上面 3 种方法创建的是空白表格，接下来就可以向表格中输入数据了。输入数据时，单元格的大小会根据输入数据的多少自动进行调整，因此，不会出现单元格尺寸太小放不下数据而将表格破坏的情况。

④ 使用稻壳内容型表格。

WPS Office 文字处理的“稻壳内容型表格”命令里面存有大量预定格式的表格，利用“稻壳内容型表格”功能插入表格的步骤如下。

● 将插入点置于要插入表格的位置。

● 单击“插入”选项卡｜左侧第二组｜“表格”下拉按钮，在如图 3.37 所示的“稻壳内容型表格”列表中有各类表格列表，如图 3.37 所示。

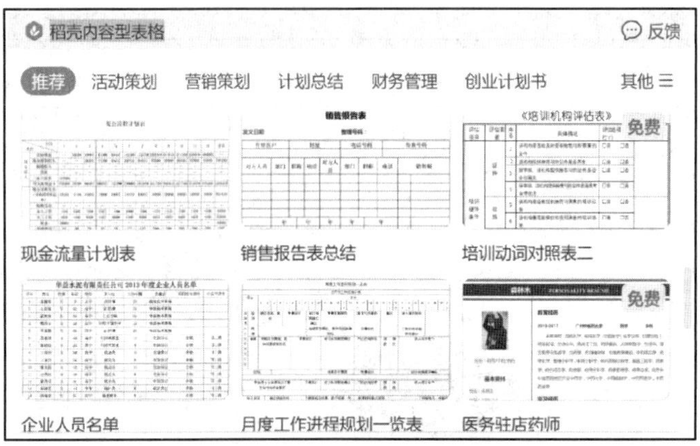

图 3.37　“稻壳内容型表格”列表

● 选择不同的类别，拖动滚动条或滚动鼠标查找需要的表格样板，单击选定的样板，即可插入该表格样板；然后修改该表格样板中不适合的内容或样式。

（2）编辑表格中的数据。

表格中数据的编辑，如文字的增、删、更改、复制、移动等，与文稿中的文字编辑基本相同。当需要输入到单元格的数据超出单元格的宽度时，系统会自动换行，增加行的高度，而不是自动变宽或转到下一个单元格。当然也可以通过改变表格宽度来调整表格内容，使之达到最理想的效果。

表格中插入点的移动，可以用鼠标在需要编辑的单元格中单击，还可以通过表 3.1 中所示的方法来实现。

表 3.1 移动插入点的快捷键

按键	作用	按键	作用
<Tab>	移至下一单元格中	→	右移一个字符
<Shift>+<Tab>	移至前一单元格中	←	左移一个字符
↑	上移一行	↓	下移一行

4. 实验参考步骤

（1）在素材“第 2 章”的最后创建如图 3.31 所示的表格，并对表格进行格式化设置。

① 在文稿中建立一个如图 3.32 所示的表格。

【参考步骤】

将插入点置于素材“第 2 章”的最后，单击“插入”选项卡｜左侧第二组｜“表格”下拉按钮｜“插入表格”选项，打开“插入表格”对话框，如图 3.38 所示。

在该对话框的“列数”“行数”文本框中分别输入 6，单击“确定”按钮，建立如图 3.39 所示的 6 行 6 列的表格。

图 3.38 “插入表格”对话框

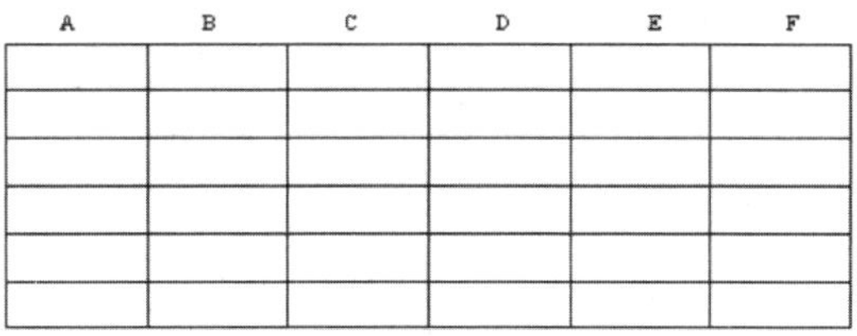

图 3.39 6 行 6 列的表格

选中 A1：C2 单元格区域，单击右键，在弹出的快捷菜单中选择“合并单元格”命令。再用同样方法，分别将 A3：A6、B3：C3、B4：B5、B6：C6 单元格区域合并，得到如图 3.40 所示合并后的表格。

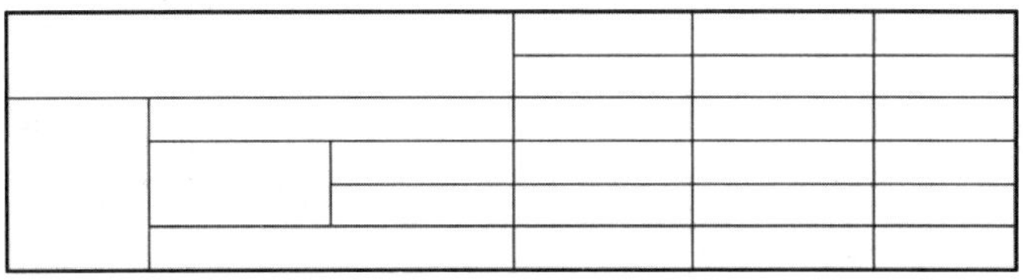

图 3.40 合并后的表格

② 在表格左上角的单元格内绘制斜线表头，并按照图 3.31 往表格中填入数据。

【参考步骤】

将插入点定位在表格左上角的单元格内，单击“表格样式”选项卡｜右侧第二组｜“斜线表头”按钮。然后按照图 3.31 往表格中填入数据。

③ 调整行高和列宽，使右 3 列的列宽根据表格内容自动调整，各行的行高一样高，右 3 列的列宽一样宽，并且使“配置与性能”竖排，“基准性能测试”分两行、每行 3 个字。

【参考步骤】

分别双击右 3 列的右列线，可使右 3 列的列宽根据表格内容自动调整。

选定 D1∶F6 单元格区域，单击“表格工具”选项卡｜左侧第四组｜“自动调整”下拉按钮｜“平均分布各行”和“平均分布各列”命令。即可使各行的行高一样高、右 3 列的列宽一样宽。

拖动“配置与性能”左侧或右侧的列线，使其竖排，拖动“基准性能测试”左侧或右侧的列线使其分两行、每行 3 个字。

④ 表格中所有数据均采用中部居中。

【参考步骤】

将插入点置于表格中，此时表格左上方出现一个表格控制符 ⊞，单击它就可以选定整个表格数据，然后单击“表格工具”选项卡｜左侧第六组｜“水平居中”｜“垂直居中”按钮即可。

或右击选定的表格，在弹出的快捷菜单中选择“单元格对齐方式”｜“中部居中”选项。

⑤ 整个表格外边框为 1.5 磅的粗线。

【参考步骤】

将插入点置于表格中，单击“开始”选项卡｜左侧第三组｜“边框”（或“表格样式”选项卡｜左侧第一组｜“边框”下拉按钮 ⌄）｜“边框和底纹”选项，弹出“边框和底纹”对话框，如图 3.41 所示。选择“边框”选项卡，在“设置”选项区域选择“网格”，在“线型”列表框中选择“直线”，在“宽度”下拉列表框中选择“1.5 磅”，在“应用于”下拉列表框中选择“表格”，单击“确定”按钮即可。

（2）在“论文 1.docx”中“封面”的中下位置，建立如图 3.33 所示的表格并进行编辑；在“第 3 章素材 \ 个人简历 .docx”的“个人简历”下面插入如图 3.34 所示的表格并进行编辑。

① 在一个空白文稿中制作一个 10 行、2 列的表格。

【参考步骤】

单击“文件”选项卡｜“新建”｜“空白文档”按钮；或单击快速访问工具栏中的“新建”按钮，打开一空白文稿。

单击“插入”选项卡｜左侧第二组｜“表格”下拉按钮｜“插入表格”选项，打开“插入表格”对话框，在“列数”“行数”文本框中分别输入 2、10，单击“确定”按钮，即可制作一 10 行 2 列的表格。

② 将表格从序号为 6 的行开始（含该行），将表格拆分成两个表格。

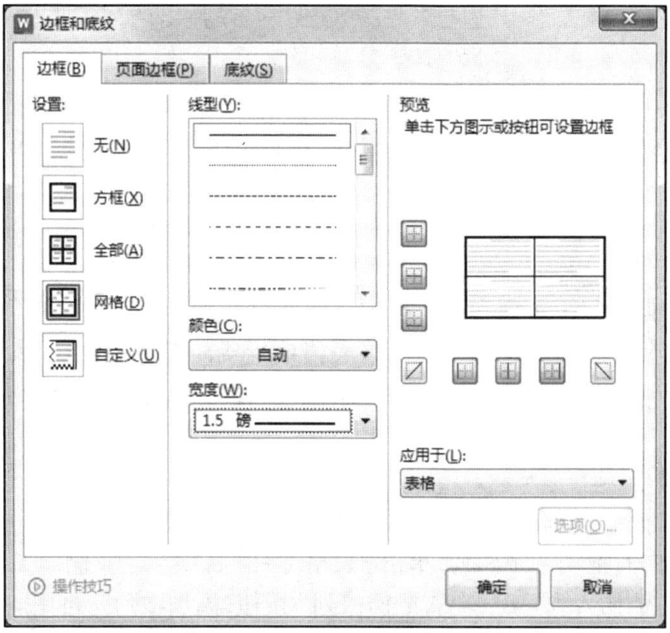

图 3.41 “边框和底纹”对话框

【参考步骤】

将插入点置于表格的第 6 行，单击“表格工具”选项卡｜左侧第三组｜“拆分表格”下拉按钮 ▾｜“按行拆分”，即可拆分成两个表格。

③ 将拆分的一个表格按照图 3.33 填充数据，并将数据设置为“仿宋 -GB2312、三号、加粗”。调整第 1 列中字符间距，并将第 1 列中第 1 个字和最后 1 个字上下对齐、冒号与最后 1 个字之间的距离不变。设置表格线，使表格线在浏览时能看到、打印时看不到。将制作好的表格复制到封面的中下位置。

【参考步骤】

按照图 3.33 往其中的一个表格输入数据，并按要求进行字体、字号和字形的设置。

选定该表格第 1 列第 1 行的第 1 个字符和冒号前的第 2 个字符，在“字体”对话框中，选择“字符间距”选项卡，在“间距”下拉列表框中选择“加宽”，在其后面的“值”文本框中输入适当的值，单位选“磅”（注意：按照图 3.33 的样式反复调试找到最合适的磅值，以使第一个字靠近表格左竖线，最后一个冒号“：”靠近表格右竖线），单击“确定”按钮。按照图 3.33，用同样的方法设置表格第 1 列其他行的字符间距。若字数跟第 1 行字数相同，可用格式刷操作。在设置表格第 1 列每行的字符间距过程中，要注意观察：第 1 列的每行第 1 个字和最后 1 个字上下要对齐，冒号与最后 1 个字之间的距离不变。

将插入点置于该表格中，单击“开始”选项卡｜左侧第三组｜“边框”（或“表格样式”选项卡｜左侧第一组｜“边框”下拉按钮 ▾）｜“边框和底纹”选项，打开“边框和底纹”对话框，选择“边框”选项卡，在“设置”选项区域单击“无”按钮，然后

单击“确定”按钮。或单击表格左上角的表格控制符 ⊞,以选中整个表格,单击“开始”选项卡|左侧第三组|“边框”下拉按钮 ▾,在弹出的列表框中选择“无框线”选项。

单击该制作好的表格左上角的表格控制符 ⊞,以选中整个表格,按 Ctrl+C 组合键,然后将插入点置于论文封面的中下位置,按 Ctrl+V 组合键,即可将其复制到论文封面的中下位置。

④ 将拆分的另一个表格添加 3 列,将第 5 列合并成一个单元格,设置第 1 列和第 3 列的列宽为 2.1 cm、第 2 列的列宽为 5.5 cm、第 4 列的列宽为 3.39 cm。按照图 3.34 填充数据。将第 1 列和第 3 列的文字加粗、第 1 个字和最后 1 个字上下对齐、冒号与最后 1 个字之间的距离不变。将表格设置成淡紫色的底纹、表格线在浏览和打印时都看不到。将制作好的表格复制到“第 3 章素材 \ 个人简历 .docx”的“个人简历”下面。

【参考步骤】

将鼠标指向另一个表格的顶端,当鼠标指针变成一个黑色的向下箭头时,按下鼠标左键向左或向右拖动选定两列,单击“表格工具”选项卡|左侧第二组|“插入”下拉按钮|“在左侧插入列”或“在右侧插入列”按钮,添加 2 列。再用同样的方法添加 1 列。

将鼠标指向第 5 列的顶端,当鼠标指针变成一个黑色的向下箭头时,单击选定第 5 列,右击选定的第 5 列,从弹出的快捷菜单中选择“合并单元格”命令。

用上面的方法选定第 1 列后,按住 Ctrl 键,再选定第 3 列,右击选定的第 1 列或第 3 列,从弹出的快捷菜单中选择“表格属性”命令,打开“表格属性”对话框,如图 3.42 所示。选中“列”选项卡中的“指定宽度”复选框,并在其后的文本框中输入 2.1。用同样的方法设置第 2 列的列宽为 5.5 cm、第 4 列的列宽为 3.39 cm。

图 3.42 “表格属性”对话框

按照图 3.34 添加数据。仿照前面（2）中③的方法，将第 1 列和第 3 列的文字加粗、第 1 个字和最后 1 个字上下对齐、冒号与最后 1 个字之间的距离不变。

将插入点置于表格中，单击“表格样式”选项卡｜左侧第一组｜“边框”按钮，打开“边框和底纹”对话框，选择“底纹”选项卡，如图 3.43 所示。在“填充”选项区域选择“紫色”，单击“确定”按钮。在“边框和底纹”对话框中，选择“边框”选项卡，在“设置”选项区域选择“全部”，在“颜色”下拉列表框中选择和底纹一样的颜色——紫色，即可使表格线在浏览和打印时都看不到。

选定制作好的表格，将其复制到“第 3 章素材\个人简历.docx”的“个人简历”下面。

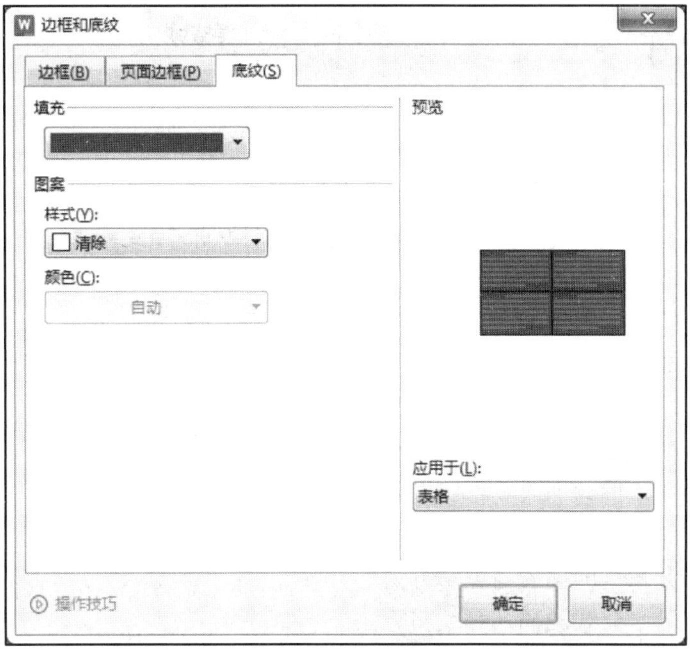

图 3.43 “边框和底纹”的“底纹”选项卡

（3）将“第 3 章素材\个人简历.docx”的“教育经历”和“发表论文”之间的文字转换成表格并进行格式设置。

① 将“教育经历”和“发表论文”之间的文字转换成表格，并使表格居中。

【参考步骤】

选中“第 3 章素材\个人简历.docx”中的“教育经历”和“发表论文”之间的文字，单击“插入”选项卡｜左侧第二组｜“表格”下拉按钮｜“文本转换成表格”选项，打开“将文字转换成表格”对话框，如图 3.44 所示，单击“确定”按钮即可转换成表格。注意：要转换成表格的文字中的逗号或其他字符的分隔符必须在英文状态下输入。

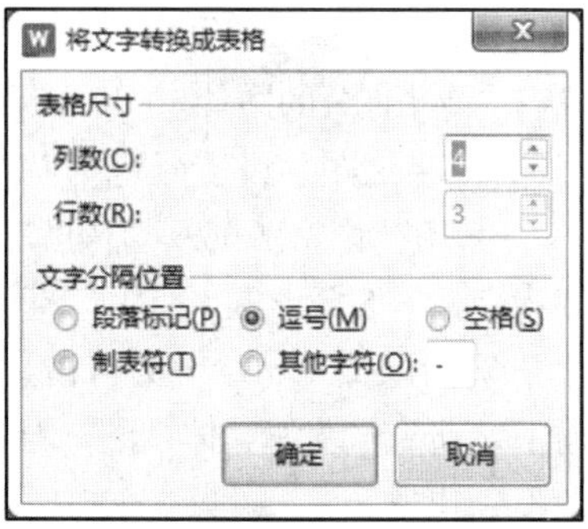

图 3.44 “将文字转换成表格”对话框

如果文本的格式比较规则，行和列比较分明，例如，有 3 行数据，每行 4 个数据之间用英文逗号分隔。可单击“插入”选项卡｜左侧第二组｜“表格”下拉按钮｜“文本转换成表格”选项，文字分隔位置选择“逗号”，即可将选定的文本转换成表格。

将插入点置于表格中，单击表格左上方的控制符，选中整个表格，单击“开始”选项卡｜左侧第三组｜“居中”按钮，即可将表格居中。

② 将表头文字设置为粗体，所有数据设置为中部两端对齐。

【参考步骤】

将鼠标指针移到第 1 行左边缘处，当鼠标指针变成向右箭头时，单击鼠标，即可选中该行，单击“开始”选项卡｜左侧第二组｜“加粗”按钮。选中整个表格，单击“表格工具”选项卡｜右侧第三组｜“水平居中”按钮和“垂直居中”按钮。

③ 设置表格线，使其在浏览和打印时都看不到表格线。

【参考步骤】

略。

3.4 实验四：插入图形和对象

1. 实验目的

（1）掌握插入图片、编辑和格式化图片的方法。

（2）掌握文本框的插入及格式设置方法。

（3）掌握绘制基本图形的方法。

（4）掌握艺术字的插入与编辑方法。

（5）掌握数学公式的插入和编辑方法。

2. 实验内容

（1）按照如图 3.45 所示的样张五插入与编辑图片和文本框。

① 在“论文 1.docx”中的“封面”页，插入“清华园”图片所在的网页窗口截图，并用“图片工具”选项卡的“裁剪”按钮，将插入到文稿中的网页窗口截图裁剪成只有“清华园”的图片。

② 将该图片设置颜色为“冲蚀”，衬于文字下方，作为“封面”的背景。

③ 在“论文 1.docx”中的“封面”，插入两个横排文本框，文本框中的文本内容分别为“清华大学学位论文”“基于串口与 SMS 的远程数据传输系统研究”。将“清华大学学位论文”设为华文行楷、初号、加粗、居中，将“基于串口与 SMS 的远程数据传输系统研究”设为黑体、小一、居中。设置文本框的边框线颜色，使在浏览和打印时都看不到边框线。

④ 在两个文本框之间插入图片“第 3 章素材 \ 清华大学校徽 .jpg”。

分类号：　　　　　　学校代码：

U D C：　　　　　　学　　号：

清华大学学位论文

基于串口与 SMS 的远程数据传输系统研究

学 科 门 类：工学

学 科 专 业：XXX

培 养 方 向：XXX

硕 士 生：XXX

指导教师、职称：XXX 教授

入学日期：2016 年 9 月　　论文完成日期：2020 年 4 月

图 3.45 样张五

（2）图片和艺术字的插入与编辑。

① 在互联网上查找任一头像图片。

② 将搜索到的头像图片插入到“第 3 章素材 \ 个人简历 .docx”的如图 3.34 所示的表格中的第 5 列。

③ 将头像图片的高度、宽度分别设置为 3.33 cm、2.54 cm。

④ 在“第 3 章素材 \ 个人简历 .docx”中的“性格开朗热情，有较强的适应能力”所在段落的上方插入浮动式的艺术字“自我评价”，并设置字号为 18 磅。

⑤ 在“第 3 章素材 \ 个人简历 .docx”中的“性格开朗热情，有较强的适应能力”所在段落的最后插入一人物类的剪贴画，并设置其高度和宽度分别为 1 cm。

（3）绘制图形。

绘制如图 3.46 所示的图形，并将其组合为一个整体，插入到“论文 1.docx”中的第 3 章的最后。

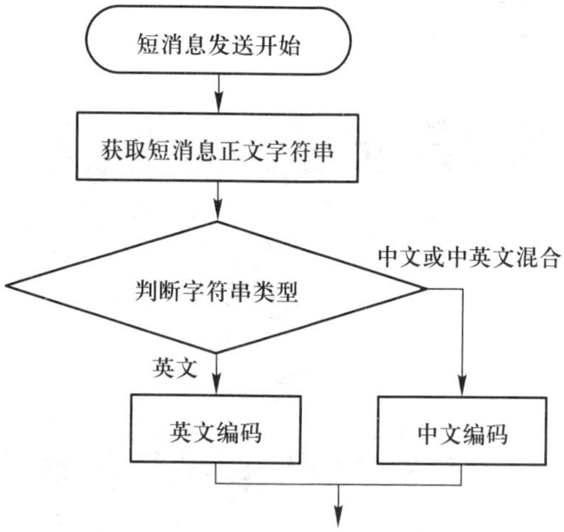

图 3.46 短消息发送程序部分框图

（4）公式的编辑与修改。

在“论文 1.docx”中的第 4 章的最后插入函数：$f(x)=\int_{1}^{e^2}\frac{dx}{x\sqrt{1+\ln x}}$，并将函数中的 x 改为 y。

3. 实验参考步骤

（1）按照如图 3.45 所示的样张五插入与编辑图片和文本框。

① 在“论文 1.docx”中的“封面”页，插入“清华园”图片所在的网页窗口截图，并用“图片工具”选项卡的“裁剪”按钮 ，将插入到文稿中的网页窗口截图裁剪成只有“清华园”的图片（说明：单纯插入图片可用其他方法，此方法只为练习“裁剪”功能和 Alt+PrtSc 组合键）。

【参考步骤】

打开 IE 浏览器，在百度的“图片”搜索文本框中输入“清华园”后进行搜索。单击搜索到的一幅“清华园”图片，打开该图片所在的网页。按 Alt+PrtSc 组合键，将“清华园”图片所在的网页窗口复制到剪贴板上，然后在“论文 1.docx”中的“封面”中下部粘贴。

单击并选中该网页窗口截图，单击“图片工具”选项卡｜左侧第二组｜“裁剪”按钮 ，图片周围即出现 8 个裁剪控点，将鼠标指针指向图片裁剪控点，然后按住鼠标左键拖动鼠标，将网页窗口裁剪成只有“清华园”的图片，完成后按 Esc 键，退出裁剪。

② 将该图片设置颜色为“冲蚀”，衬于文字下方，作为“封面”的背景。

【参考步骤】

单击选中图片，在出现的“图片工具”选项卡中单击左侧第三组｜“色彩”按钮 ，从弹出的下拉列表中选择“冲蚀”选项。

单击“图片工具”选项卡｜左侧第四组｜“环绕”下拉按钮，弹出“环绕”下拉列表，如图 3.47 所示，选择“衬于文字下方”选项。

然后按照图 3.45 的样式拖动尺寸控点，以调整图片的大小。

③ 在“论文 1.docx”中的“封面”，插入两个横排文本框，文本框中的文本内容分别为“清华大学学位论文”“基于串口与 SMS 的远程数据传输系统研究”。将“清华大学学位论文”设为华文行楷、初号字、加粗、居中，将“基于串口与 SMS 的远程数据传输系统研究”设为黑体、小一、居中。设置文本框的边框线颜色，使在浏览和打印时都看不到边框线。

【参考步骤】

将插入点置于“论文 1.docx”中的“封面”，单击“插入”选项卡｜左侧第二组｜“文本框”下拉按钮｜“横向”选项，此时鼠标指针变成“+”形状，然后按住鼠标左键在编辑区拖动，即可得到横排文本框。文本框中有文本插入点，可以直接输入需要的文字等。按照图 3.45 的样式，插入两个横排文本框，文本框中的文本内容分别为“清华大学学位论文”“基于串口与 SMS 的远程数据传输系统研究”。

在“字体”对话框中，将“清华大学学位论文”设为华文行楷、初号、加粗、居中，将“基于串口与 SMS 的远程数据传输系统研究”设为黑体、小一、居中。

右击文本框边框线，在弹出的快捷菜单中选择“设置对象格式”命令，弹出“属性”窗格，如图 3.48 所示。在该窗格的上窗格中选择“形状选项”选项，在其对应的下窗格中选中“无线条”单选按钮。

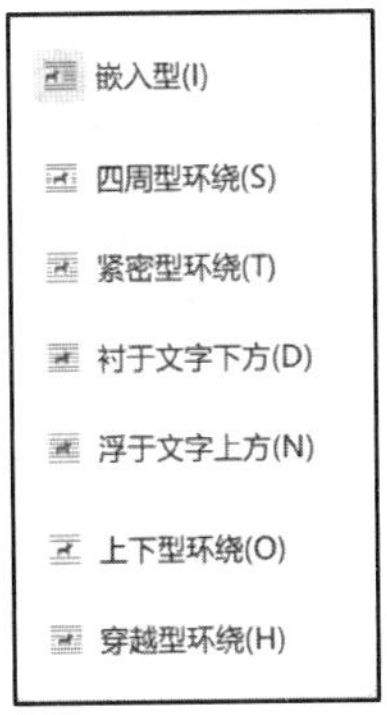

图 3.47　“环绕”下拉列表

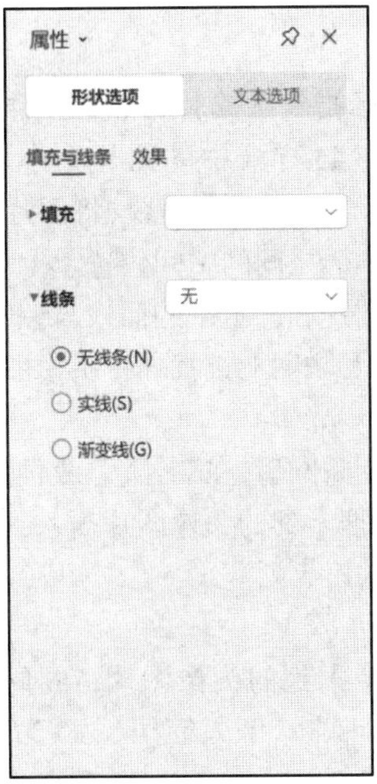

图 3.48　“属性”窗格

④ 在两个文本框之间插入图片“第 3 章素材 \ 清华大学校徽 .jpg”。

【参考步骤】

将插入点置于两个文本框之间的合适位置，单击“插入”选项卡｜左侧第二组｜“图片”下拉按钮｜“本地图片”选项，打开“插入图片”对话框，如图 3.49 所示。在文件列表框的左侧或上方找到所需图片文件所在的文件夹，双击图片文件“清华大学校徽.jpg”，即可把清华大学校徽图片插入到文稿中。

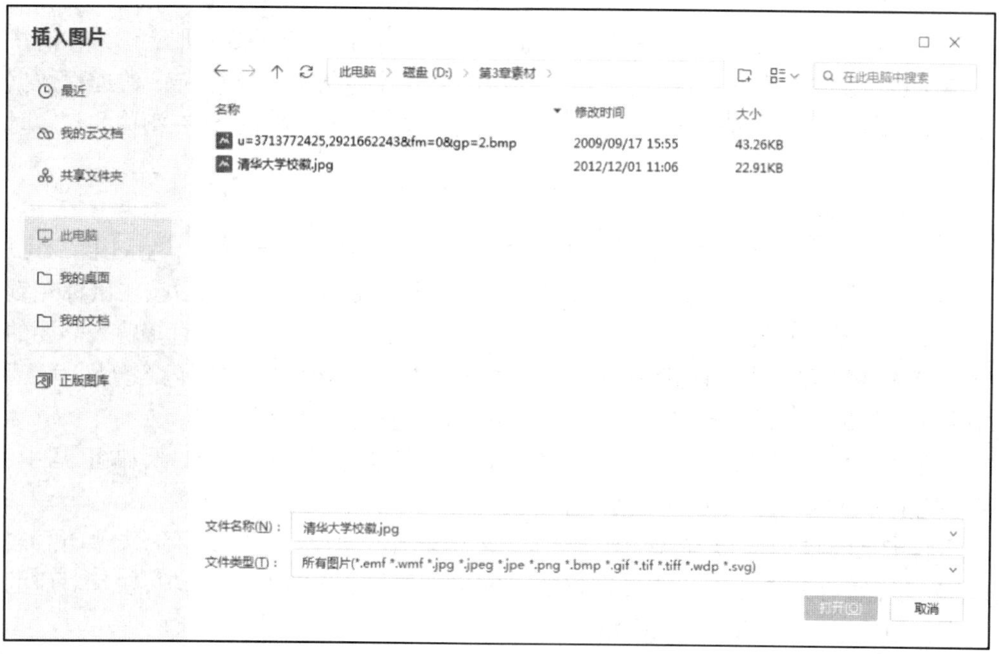

图 3.49 “插入图片”对话框

将鼠标指针放在图片的尺寸控点上，当出现双向箭头时，按住鼠标左键，将其拖动成图 3.45 样式中的图片大小。右击图片，在出现的快捷菜单中选择“文字环绕”|“浮于文字上方”命令，将图片设置为浮动式。然后按照图 3.45 样式，将图片拖动到两文本框之间的中间位置。

（2）图片和艺术字的插入与编辑。

① 在互联网上查找任一头像图片。

【参考步骤】

打开互联网后，在“图片”搜索框中，输入“头像”后进行搜索。

② 将搜索到的头像图片插入到“第 3 章素材 \ 个人简历 .docx”的如图 3.34 所示的表格中的第 5 列。

【参考步骤】

右击搜索到的头像图片，在弹出的快捷菜单中选择“复制”命令。将插入点置于“第 3 章素材 \ 个人简历 .docx”的如图 3.34 所示的表格中的第 5 列，按 Ctrl+V 组合键。

③ 将头像图片的高度、宽度分别设置为 3.33 厘米、2.54 厘米。

【参考步骤】

单击选中插入的“头像”图片，在功能区显示“图片工具”上下文选项卡，如图 3.50 所示。或在插入图片后，功能区也会自动显示此选项卡。单击左侧第二组对话框启动器按钮，打开“布局”对话框，如图 3.51 所示。选择“大小”选项卡，取消选中“锁定纵横比”复选框，在“高度”和“宽度”文本框中分别输入 3.33 厘米、2.54 厘米，然后单击“确定”按钮。

图 3.50 “图片工具”上下文选项卡

图 3.51 “布局”对话框

说明：在“布局”对话框的“大小”选项卡中，输入图片的高度和宽度之前，应先取消勾选“锁定纵横比”复选框，否则设置完成后，再次打开该对话框查看图片高度和宽度时，其数据会发生变化。

④ 在“第 3 章素材 \ 个人简历 .docx”中的“性格开朗热情，有较强的适应能力”所在段落的上方插入浮动式的艺术字“自我评价”，并设置字号为 18 磅。

【参考步骤】

将插入点置于“第 3 章素材 \ 个人简历 .docx”中的“性格开朗热情，有较强的适应能力”所在段落的上方，单击“插入”选项卡 | 左侧第二组 |“艺术字”下拉按钮，弹出“艺术字”下拉列表，如图 3.52 所示。选择一种艺术字样式，出现一个文本框，如图 3.53 所示。在文本框中输入要插入的艺术字的内容“自我评价”。

选中输入的文字，在“开始”选项卡 | 左侧第二组 |“字号”文本框中输入 18 后，按 Enter 键，然后拖动艺术字到合适的位置。艺术字默认的插入形式是浮动式。

⑤ 在“第 3 章素材 \ 个人简历 .docx”中的“性格开朗热情，有较强的适应能力”所在段落的最后插入一人物类的剪贴画，并设置其高度和宽度分别为 1 cm。

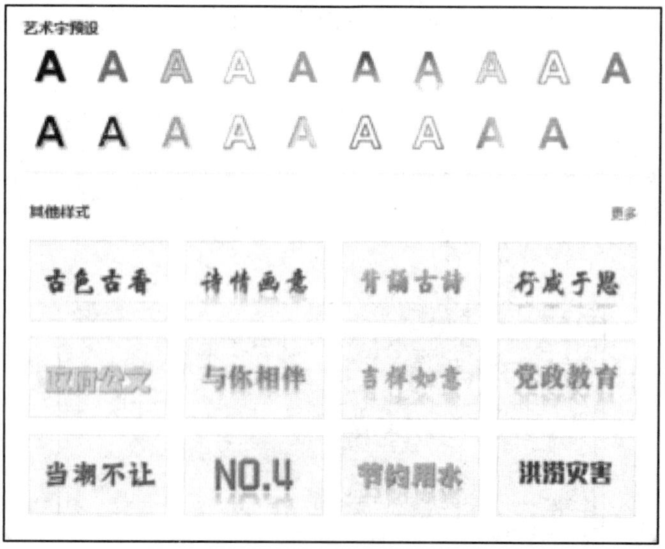

图 3.52　“艺术字”下拉列表

图 3.53　输入艺术字内容文本框

【参考步骤】

将插入点置于“第 3 章素材 \ 个人简历 .docx”中的“性格开朗热情，有较强的适应能力”所在段落的最后，单击“插入”选项卡｜左侧第二组｜“图片”下拉按钮，在弹出的下拉列表搜索文本框中输入“人物”，如图 3.54 所示，按 Enter 键后，在出现的图库中单击“插画”选项，如图 3.55 所示，在人物类剪贴画列表中，选择要插入的剪贴画图片并单击，即可实现插入（需付费）。

在插入图片后，功能区会自动显示“图片工具”选项卡，或单击图片也会显示此选项卡。单击左侧第二组右下角的对话框启动器按钮，打开“布局”对话框。选择“大小”选项卡，取消勾选“锁定纵横比”复选框，在“高度”和“宽度”文本框中分别输入 1 厘米，然后单击“确定”按钮。

（3）绘制图形。

绘制如图 3.46 所示的图形，并将其组合为一个整体，插入到“论文 1.docx”中的第 3 章的最后。

【参考步骤】

将插入点置于“论文 1.docx”中的第 3 章的最后，单击“插入”选项卡｜左侧第二组｜“形状”下拉按钮，打开如图 3.56 所示的下拉列表。按照图 3.46 的样式，选中需要的形状，在插入点处拖动，即可绘制出所需的图形，同时，在功能区会自动出现一个“绘图工具”选项卡。

图 3.54 下拉列表

图 3.55 图库列表

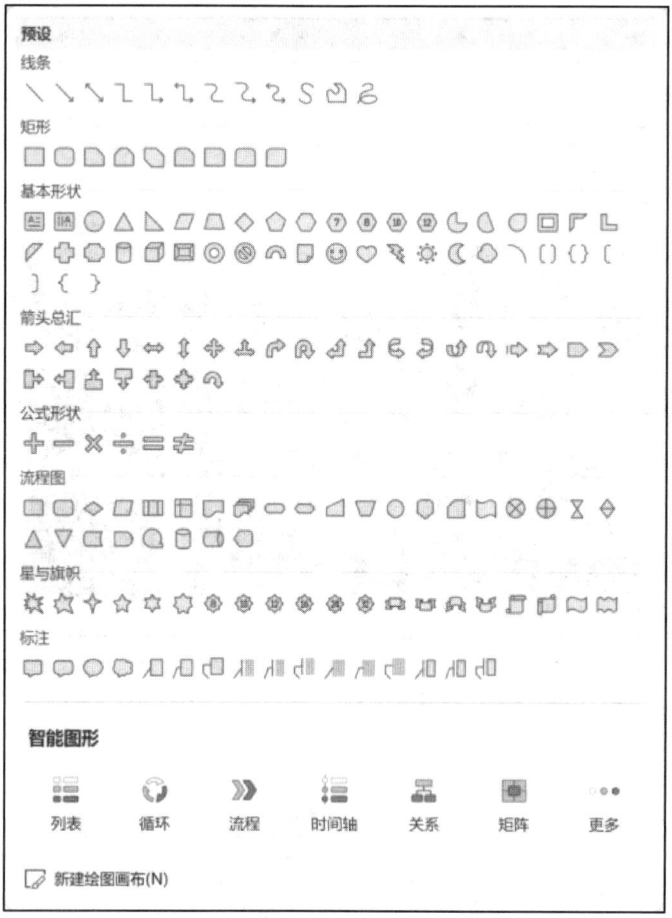

图 3.56 “形状”按钮下拉列表

利用“绘图工具”选项卡中的左侧第三组中的样式，对绘制的图形按照样式进行格式设置。如果要在图形对象上添加文字，可以右击图形，从弹出的快捷菜单中选择“编辑文字”命令，即可输入文本，并且可以对输入的文本进行排版，如改变字体和字号等。

对于“中文及中英文混合”“英文”“AT 指令”，请按照插入文本框的方法操作，并将文本框线条颜色设置为白色或无线条。

绘制好所有图形和文本框后，单击“开始”选项卡｜右侧第二组｜“选择”下拉按钮｜“选择对象”选项，然后按住鼠标左键拖动，将要选中的图形全部框住，此时，被选中的每个图形周围出现尺寸控点，表明这些图形都是独立的。或者按住 Shift 键依次单击每个图形，也可以选中需要组合的图形。

单击“绘图工具”选项卡｜左侧第四组｜“组合”下拉按钮｜“组合”选项（或右击要组合的某个图形处，从出现的快捷菜单中选择“组合”命令），即可将选中的图形组合在一起，这些组合在一起的图形对象周围出现 8 个尺寸控点。

（4）公式的编辑与修改。

【参考步骤】

在“论文 1.docx”中的第 4 章的最后，插入函数：$f(x)=\int_{1}^{e^2}\frac{dx}{x\sqrt{1+\ln x}}$，并将函数中的 x 改为 y。

将插入点置于“论文 1.docx”中的第 4 章的最后，单击“插入”选项卡｜左侧第三组｜“公式”下拉按钮，弹出内置公式下拉列表，如图 3.57 所示。

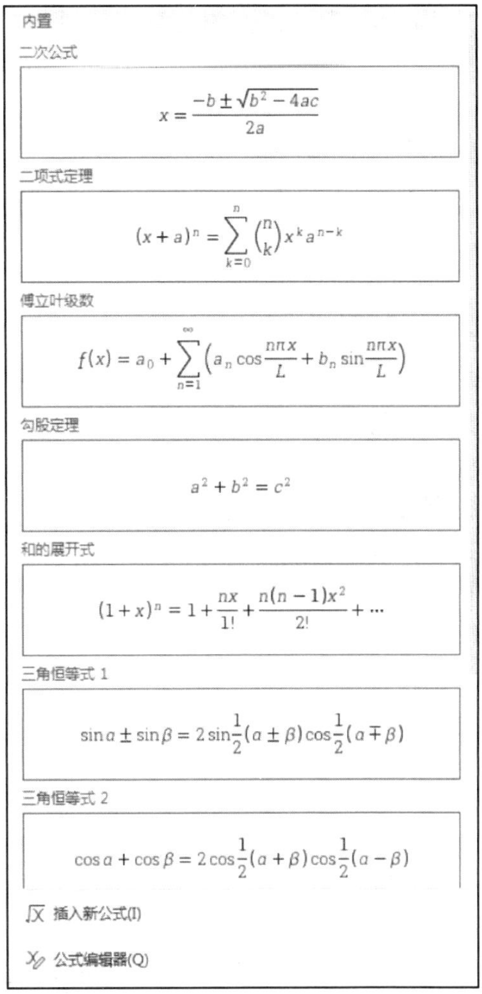

图 3.57　内置公式下拉列表

从内置公式列表中单击“插入新公式”选项，在功能区出现“公式工具”选项卡，如图 3.58 所示。有上下两排符号按钮和结构模板按钮，单击结构模板按钮，会弹出一下拉列表，其中包含有多种模板供选择。

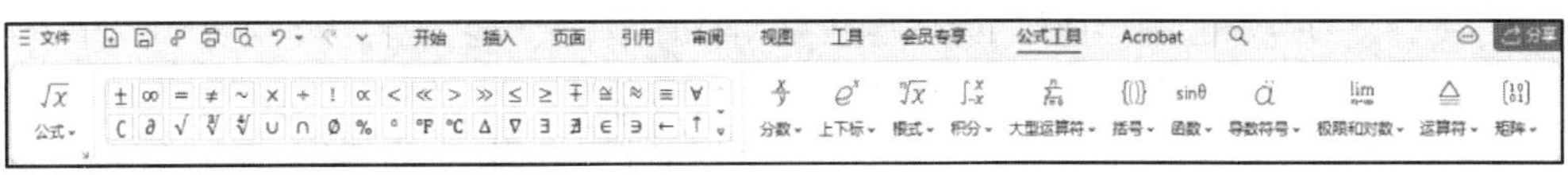

图 3.58　“公式工具”选项卡

利用“公式工具”选项卡中的符号和模板创建一个新的公式时,只要选择相应的公式输入模板,然后在输入模板的各个插槽上输入变量名和常量即可。

用以上方法编写公式,在输入过程中,需要移动鼠标指针去定位插入点位置,或用Tab键转换模板插槽位置。

创建公式结束,在公式输入框外任何位置单击,公式被插入到文稿中。

若需要对输入后的公式进行修改,则单击要修改的数学公式,即可出现“公式工具”选项卡,然后即可对公式进行编辑和修改。选中函数中的 x,将其改为 y。

3.5 实验五:长文稿的页面布局与审阅

1. 实验目的

(1)掌握页面设置的方法。
(2)掌握使用页面背景的方法。
(3)掌握对长文稿的分页和分节的方法。
(4)掌握插入页码的操作方法。
(5)掌握对页眉和页脚的创建和编辑方法。
(6)掌握样式的使用方法。
(7)掌握插入脚注、尾注和题注的方法。
(8)掌握交叉引用的方法。
(9)掌握插入目录的方法。
(10)掌握长文稿的审阅与修订方法。
(11)掌握打印及预览的方法。

2. 实验内容

(1)页面设置:用A4复印纸,纵向双面打印,页边距:上、下为3.0 cm,内侧(左)为3.0 cm,外侧(右)为2.0 cm,左侧装订,装订线为1.0 cm,页眉、页脚分别为2.0 cm,奇偶页页眉不同。

(2)插入水印:在论文中插入文字水印“严禁复制”。

(3)插入分隔符和页码:把“第3章素材\个人简历.docx”的全部内容复制到“论文1.docx”中的“参考文献”和“致谢”之间。独创声明、摘要、Abstract、创新点摘要、目录、参考文献、个人简历、致谢以及每一章都单独另起一页。封面没有页码,页码从第1章开始按阿拉伯数字连续编排,前置部分用小写罗马数字单独编排。页码位于页面底端、居中、采用Times New Roman字体、五号字。

(4)创建和编辑页眉和页脚:从第1章开始设置页眉,页眉居中,偶数页页眉为封面论文题目,奇数页页眉为一级标题,均用宋体、五号字。

（5）样式的使用：采用样式设置论文各部分标题，其中一级标题设置为黑体、小三号、居中，二级标题设置为黑体、四号，三级标题设置为黑体、小四号，正文中最多可设为三级标题，且靠左边书写。

（6）为第 1 章的标题插入脚注。

（7）为论文 1 的所有图表插入题注。

（8）标注参考文献：文中标注的文献序号（右上角，方括号）与文末的文献相连。

（9）生成目录：在“目录”标题的正下方插入自动生成的目录，并将其文字设置成宋体、小四，页码设置成 Times New Roman、小四，行距为多倍行距：1.25，分散对齐。

（10）在修订状态下修改论文，对第 4 章末尾的公式加批注：此公式太简单。

（11）打印预览：使用“打印预览”功能，查看文稿在页面上的效果。

3. 实验参考步骤

（1）页面设置：用 A4 复印纸，纵向双面打印，页边距：上、下为 3.0 cm，内侧（左）为 3.0 cm，外侧（右）为 2.0 cm，左侧装订，装订线：1.0 cm，页眉、页脚：2.0 cm，奇偶页页眉不同。

【参考步骤】

① 单击“页面”选项卡｜左侧第一组右下角的对话框启动器按钮，打开“页面设置”对话框，按要求进行设置，如图 3.59 所示。

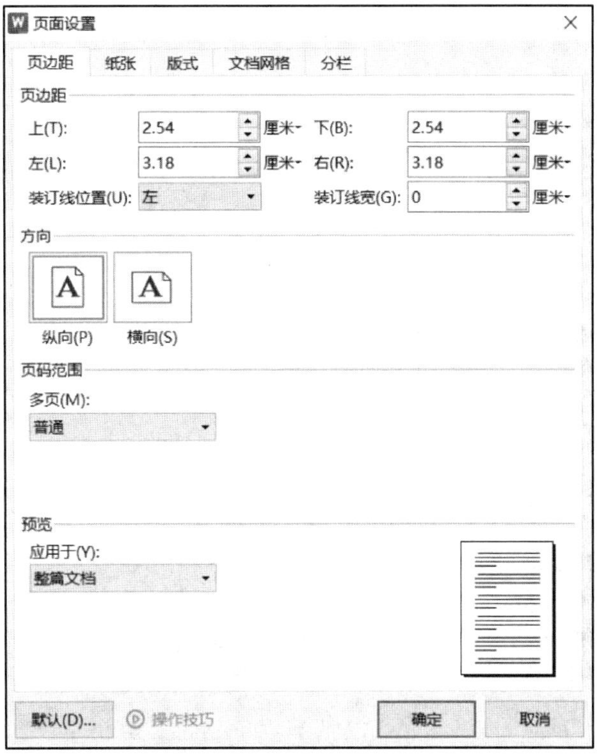

图 3.59 “页面设置”对话框

② 选择“纸张”选项卡,在“纸张大小”选项区域选择“A4”。

③ 选择“页边距”选项卡,按要求进行相应的设置。

④ 选择“版式”选项卡,在“页眉和页脚”选项区域选择“奇偶页不同”,其中的“页眉”和“页脚”按要求进行相应设置,单击“确定”按钮。

(2)插入水印:在论文中插入文字水印“严禁复制”。

【参考步骤】

① 单击“页面”选项卡|“水印”按钮,弹出“水印”下拉列表,如图3.60所示。

② 单击“水印”下拉列表中的“自定义水印”区域的“点击添加”按钮,打开“水印”对话框,如图3.61所示。选中“文字水印”复选框,然后在“内容”下拉列表框中选择“严禁复制”,单击“确定”按钮,水印将在文稿每一页固定的位置显示。注意:若一篇文稿已经分节或已设置页眉奇偶页不同,要使整篇文稿都有水印,则必须使用“自定义水印”方法设置水印。

图3.60 “水印”下拉列表

(3)插入分隔符和页码:把“第3章素材\个人简历.docx”的全部内容复制到

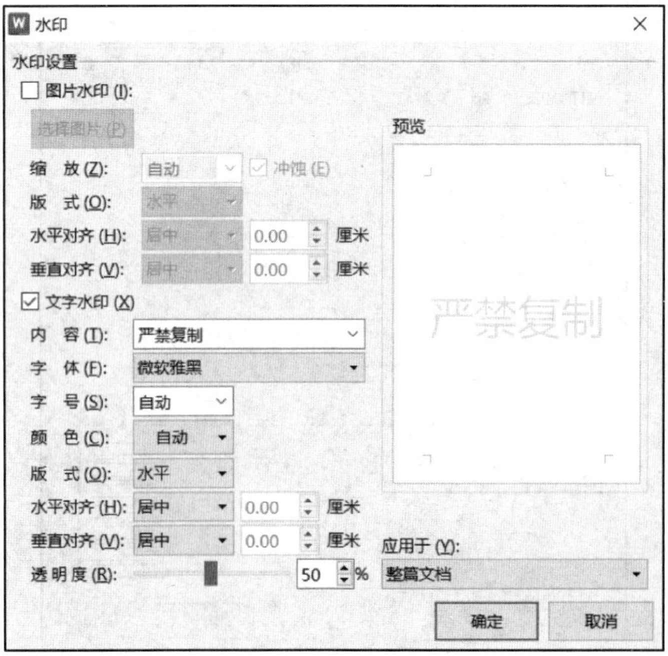

图3.61 “水印”对话框

"论文 1.docx" 中的 "参考文献" 和 "致谢" 之间。独创声明、摘要、Abstract、创新点摘要、目录、参考文献、个人简历、致谢以及每一章都单独另起一页。封面没有页码，页码从第 1 章开始按阿拉伯数字连续编排，前置部分用小写罗马数字单独编排。页码位于页面底端、居中、采用 Times New Roman 字体、五号字。

【参考步骤】

① 打开 "论文 1.docx"，将插入点置于 "封面" 内容的最后，单击 "插入" 选项卡｜左侧第一组｜"分页" 下拉按钮，弹出 "分页" 下拉列表，如图 3.62 所示。选择 "下一页分节符" 选项。

② 将插入点置于 "独创声明" 内容的最后，在如图 3.62 所示的 "分隔符" 下拉列表中选择 "分页符" 选项。用同样的方法，分别在 "摘要、Abstract、创新点摘要" 内容的最后插入 "分页符"。

③ 用（3）中①的方法，分别在 "目录、第 1 章、第 2 章、第 3 章、第 4 章、第 5 章、参考文献" 内容的最后面插入 "下一页分节符"。

说明：为了能看到插入的分隔符或编辑标记，可单击 "开始" 选项卡｜左侧第三组｜"显示 / 隐藏编辑标记" 下拉按钮 ⇆ ，在弹出的下拉列表中选中 "显示 / 隐藏编辑标记"。

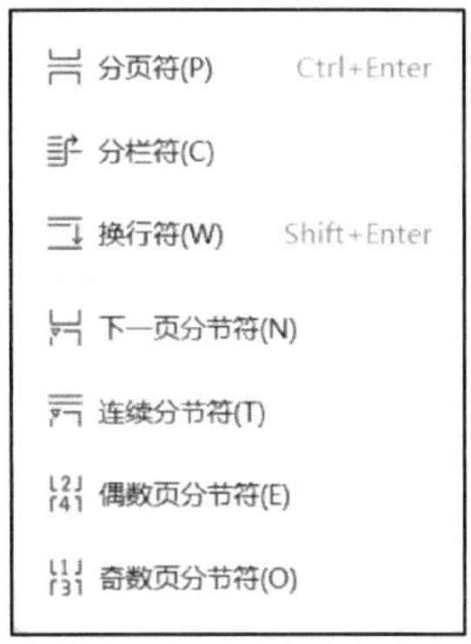

图 3.62 "分页" 下拉列表

④ 打开 "第 3 章素材 \ 个人简历 .docx，按 Ctrl+A 组合键，选中整篇文稿；按 Ctrl+C 组合键，将其复制到剪贴板。将插入点置于 "致谢" 之前，按 Ctrl+V 组合键，将复制到剪贴板的内容及格式粘贴到 "参考文献" 和 "致谢" 之间。

⑤ 将插入点置于 "独创声明" 页中，单击 "插入" 选项卡｜左侧第一组｜"页码" 下拉按钮，弹出 "页码" 下拉列表，如图 3.63 所示，在 "页码" 下拉列表中选择页码的位置。例如，单击 "页脚中间" 的页码格式，即可在页面底端插入页码，同时，在功能区显示 "页眉页脚" 选项卡，如图 3.64 所示。单击 "页眉页脚" 选项卡｜左侧第一组｜"页码" 下拉按钮｜"页码" 选项，打开 "页码" 对话框，如图 3.65 所示。在 "样式" 下拉列表框中，选择小写罗马数字 "i, ii, iii, …"，在 "页码编号" 选项区域选中 "起始页码" 单选按钮，并在其后的文本框中输入 "1"，然后单击 "确定" 按钮，即可在页面底端插入罗马数字的页码。选中插入的页码，在 "开始" 选项卡中设置其字体为 Times New Roman、字号为五号。

⑥ 滚动鼠标到第 i 页，并将插入点置于页码 "i" 处，单击 "页眉页脚" 选项卡｜左侧第三组｜"同前节" 按钮，使其处于非选中状态（默认为选中状态），以取消与前一节的链接。

⑦ 滚动鼠标到封面页中，选中封面页中的页码，将其删除。

⑧ 滚动鼠标到第 1 章的第一页中，并单击其页码，将插入点置于该页码处。单击 "页眉页脚" 选项卡｜左侧第三组｜"同前节" 按钮，使其处于非选中状态，以取消与前一节的链接，然后单击 "页眉页脚" 选项卡｜左侧第一组｜"页码" 下拉按钮｜"页码" 选项，打开 "页码" 对话框，在 "样式" 下拉列表框中选择 "1, 2, 3, …"，

图 3.63 “页码”下拉列表

图 3.64 “页眉页脚”选项卡

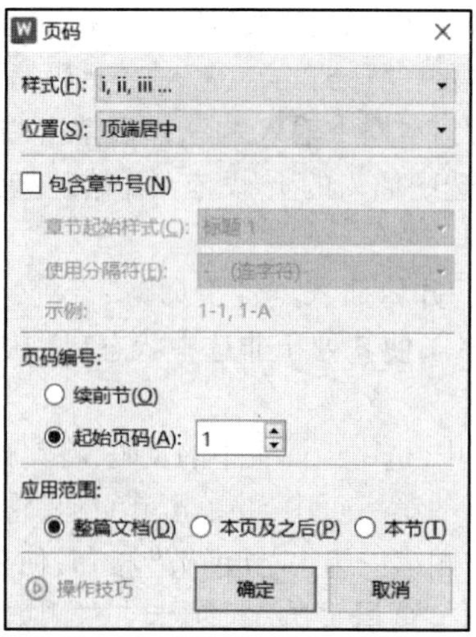

图 3.65 “页码”对话框

在“页码编号”选项区域选中“起始页码”单选按钮，且在其后的文本框中输入阿拉伯数字“1”，单击“确定”按钮，即可使从第1章开始的页码按阿拉伯数字连续编排。

（4）创建和编辑页眉和页脚：从第1章开始设置页眉，页眉居中，偶数页页眉为封面论文题目，奇数页页眉为一级标题，均用宋体、五号字。

【参考步骤】

① 在“页眉页脚”的编辑状态（注意：插入页码后，可不退出“页眉页脚”编辑状态，紧接着输入页眉），滚动鼠标，将插入点置于第1章的第1页的页眉中，单击“页眉页脚”选项卡｜左侧第三组｜“同前节”按钮，使其处于非选中状态，以取消与前一节的链接，输入第1章的标题，并将其字体设置为宋体、五号字、居中。继续滚动鼠标，将插入点置于第2页（偶数页）的页眉中，同样单击“页眉页脚”选项卡｜左侧第三组｜“同前节”按钮，使其处于非选中状态，以取消与前一节的链接，输入封面论文标题，并按题目要求设置其格式。

② 滚动鼠标，将插入点置于第2章的第1个奇数页的页眉中，同样单击“页眉页脚”选项卡｜左侧第三组｜“同前节”按钮，使其处于非选中状态，输入第2章的标题。接着用同样的方法，分别在第3章、第4章、第5章、参考文献、个人简历、致谢的第1个奇数页的页眉中输入其标题，最后双击文稿区域，退出“页眉页脚”的编辑状态，返回到正文的编辑状态。

（5）样式的使用：采用样式设置论文各部分标题，其中一级标题设置为黑体、小三号、居中，二级标题设置为黑体、四号，三级标题设置为黑体、小四号，正文中最多可设为三级标题，且靠左边书写。

【参考步骤】

① 将插入点置于“独创声明”中，单击“开始”选项卡｜右侧第二组｜“标题1”按钮，并按题目要求设置其字体和字号。用同样的方法，分别对摘要、Abstract、创新点摘要、目录、第1章的标题、第2章的标题、第3章的标题、第4章的标题、第5章的标题、参考文献、个人简历、致谢设置为一级标题，并按题目要求设置其字体和字号（注意：相同格式可用格式刷）。

② 接着继续用“开始”选项卡｜“样式”列表框，对第1章、第2章、第3章、第4章、第5章中正文的标题分别依次设置为二级标题和三级标题（即分别选择“样式”列表框中的“标题2”“标题3”），并按题目要求设置其字体和字号。

（6）为第1章的标题插入脚注。

【参考步骤】

将插入点移动到第1章标题的末尾。单击“引用”选项卡｜左侧第二组｜“插入脚注”按钮，题目后面会出现一个上标“1”，在该页面底部会出现一条横线，下方还有数字“1”并有插入点，在此可以输入注释的内容。（说明：一般在写学术论文时，要对论文的题目添加脚注，对论文的作者等进行简单介绍。）

（7）为论文1的所有图表插入题注。

【参考步骤】

① 将插入点移动到论文中第1张图的标题前面，单击“引用”选项卡｜左侧第

三组｜“题注”按钮，打开“题注”对话框，在该对话框中单击“新建标签”按钮，打开“新建标签”对话框，在“标签”文本框中输入“图”，如图3.66所示。

② 单击“确定”按钮，返回“题注”对话框，“题注”文本框中将出现“图1”字样，“标签”文本框中出现“图”字样。单击“确定”按钮，即可在第1张图的标题前面出现“图1”字样。

③ 接着将插入点依次移到论文中其他图的标题前面，用（7）中①②的方法，可依次对其他图的标题添加题注图2、图3、图4……。

（8）标注参考文献：文中标注的文献序号（右上角，方括号）与文末的文献相连。

【参考步骤】

① 将插入点置于需要标注参考文献的位置，单击“引用”选项卡｜左侧第三组｜“交叉引用”按钮，打开“交叉引用”对话框，如图3.67所示。

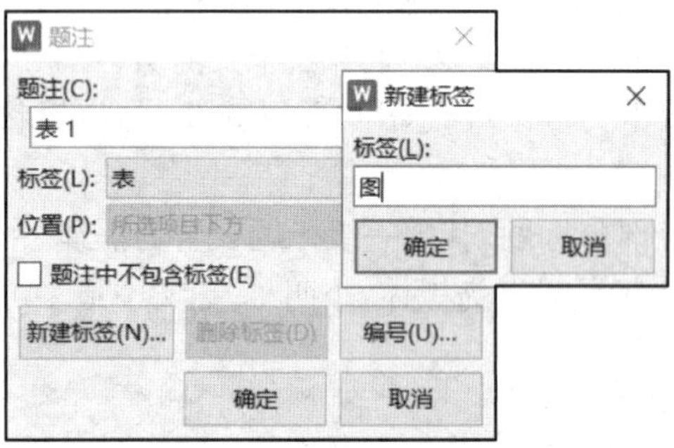

图3.66 “题注”和“新建标签”对话框

图3.67 “交叉引用”对话框

② 在“引用类型”下拉列表框中，选择需要的引用类型“编号项”。

说明：如果文稿中存在该引用类型的项目，那么它会出现在“引用哪一个编号项”的列表框中，供用户选择。

③ 在“引用内容”下拉列表框中，选择“段落编号”。

说明：根据“引用类型”的不同，“引用内容”下拉列表框的内容也不相同，当“引用类型”选择不同的选项，“引用内容”会提供不同种选择。

④ 选中“插入为超链接”复选框。

说明：要想直接跳转到引用的项目，选中“插入为超链接”复选框，否则，将直接插入选中项目的内容。如果选中了“插入为超链接”复选框，则系统建立交叉引用和引用对象之间的超级链接。超级链接建立后，当鼠标指针移动到引用编号上时，自动出现“按住Ctrl并单击可访问链接”的提示，此时，按住Ctrl键，鼠标变成手的形状时，单击会跳转到引用对象上。

⑤ 在“引用哪一个编号项”列表框中，单击选中要插入的参考文献。

说明：在“引用哪一个编号项”列表框中，列出了本文稿中所有有段落编号（注意：必须是自动编号）的段落。注意：该列表框的名称随“引用类型”的选项不同而不同。若“引用类型”下拉列表框中选择的是“编号项”，则该列表框的名称为“引用哪一个编号项”；若“引用类型”下拉列表框中选择的是“标题”，则该列表框的名称为“引用哪一个标题”。

⑥ 单击“插入”按钮，即可插入一个交叉引用。接着选中插入到文中的参考文献序号，用“字体”对话框将其设置为“上标”（注意：参考文献必须按照序号[1][2][3]…进行预先编号）。如果还要插入别的交叉引用，则不必关闭该对话框，只要把插入点定位在新的位置，重复以上过程，直到完成文稿中所有的交叉引用，再单击“关闭”按钮，退出“交叉引用”对话框。

（9）生成目录：在“目录”标题的正下方插入自动生成的目录，并将其文字设置成宋体、小四，页码设置成 Times New Roman、小四，行距为多倍行距：1.25，分散对齐。

【参考步骤】

① 将插入点置于“目录”页中的“目录”标题的下一行行首，单击“引用”选项卡｜左侧第一组｜“目录”下拉按钮｜“自定义目录”选项，打开“目录”对话框，如图 3.68 所示。

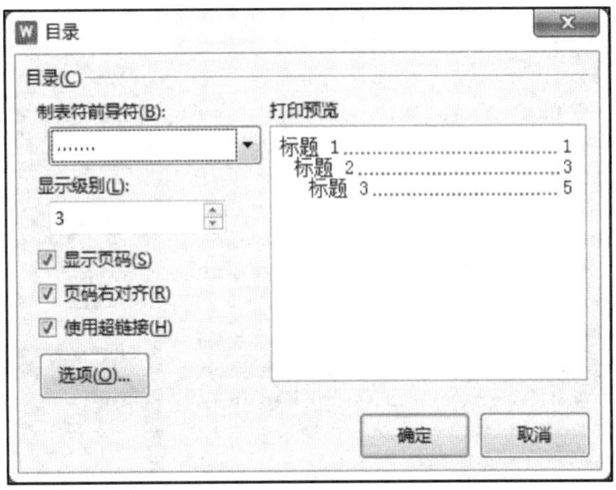

图 3.68　“目录”对话框

② 在“目录”对话框中选中“显示页码”“页码右对齐”“使用超链接”复选框，则在生成的目录中自动显示各级标题所在的页码，并且使页码右对齐。

③ 在“制表符前导符”下拉列表框中选择一种制表符前导字符。

④ 单击“确定”按钮，即可自动生成目录。

（10）在修订状态下修改论文，对第 4 章末尾的公式加批注：此公式太简单。

【参考步骤】

① 单击“审阅”选项卡｜左侧第三组｜“修订”按钮，文稿即进入修订状态。在修订状态下输入的文稿内容会通过颜色和下划线标记下来，删除的内容也会被显示出来。当多个用户同时参与同一文稿的修订时，文稿将通过不同的颜色来区分不同用户的修订内容。

② 将插入点移到第 4 章末尾公式的后面，单击“审阅”选项卡｜左侧第二组｜

“插入批注”按钮，然后在插入点处输入批注信息：此公式太简单。

（11）打印预览：使用“打印预览”功能，查看文稿在页面上的效果。

【参考步骤】

单击“文件”选项卡｜“打印”｜“打印预览”选项，或单击快速访问工具栏上的“打印预览”按钮 ，即可进入打印预览窗口，如图 3.69 所示。该窗口包含左右两个窗格。

图 3.69 打印预览窗口

左边的窗格显示了文稿的页宽、整页的布局，可以拖动窗口右下角“显示比例”上的缩放滑块以缩小或放大显示文稿，或单击“放大”按钮 **+** 或“缩小”按钮 **−** 以放大或缩小显示文稿，以了解打印效果是否和预期设想一致。注意，在该窗口中不能进行编辑和页面调整。

3.6　实验六：邮件合并

1. 实验目的

（1）掌握邮件合并的功能及应用方法。
（2）掌握创建主文稿和数据源的方法。
（3）掌握邮件合并的方法。

2. 实验内容

制作如图 3.70 所示的录取通知书。

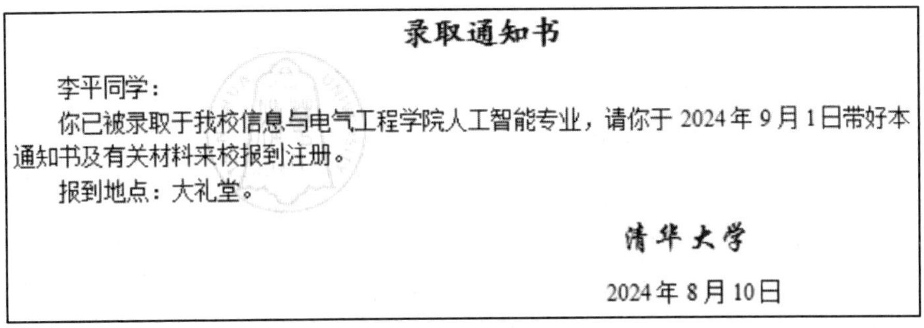

录取通知书

李平同学：

你已被录取于我校信息与电气工程学院人工智能专业，请你于 2024 年 9 月 1 日带好本通知书及有关材料来校报到注册。

报到地点：大礼堂。

清华大学

2024 年 8 月 10 日

图 3.70　录取通知书

3. 实验参考步骤

制作如图 3.70 所示的录取通知书。

【参考步骤】

① 创建主文稿。按照如图 3.71 所示内容和格式建立一个新文稿，以“录取通知书主文稿 .docx”命名保存，并作为主文档。

a. 图 3.71 所示的水印背景、内容和格式是录取通知书的共同部分。其中的水印背景图片是清华大学的校徽，可以上网搜索，并插入到文稿中。

b. 单击清华大学的校徽图片，在出现的“图片工具”选项卡中单击左侧第三组的“色彩”下拉按钮，弹出“色彩”下拉列表，从中选择“冲蚀”选项。

c. 单击“图片工具”选项卡｜右侧第二组｜“环绕”下拉按钮，弹出“环绕”下拉列表，选择“衬于文字下方”选项，水印背景制作完成。

d. 按照图 3.71 输入“录取通知书”中的共同部分的文字，并设置其格式。以“录取通知书主文档 .docx”命名保存，并作为主文档。

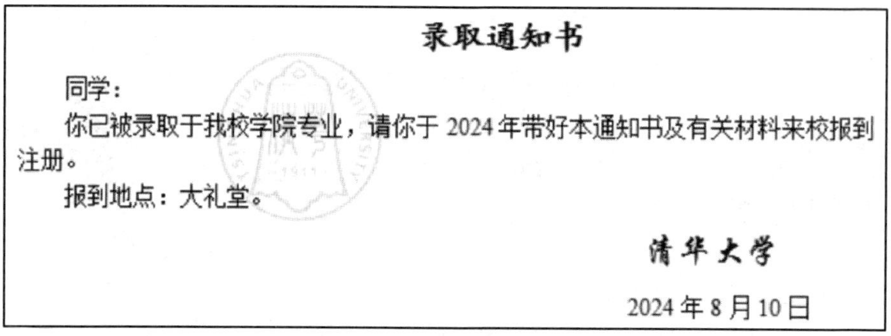

录取通知书

同学：

你已被录取于我校学院专业，请你于 2024 年带好本通知书及有关材料来校报到注册。

报到地点：大礼堂。

清华大学

2024 年 8 月 10 日

图 3.71　录取通知书的主文档

② 创建数据源文档。用 WPS Office 文字处理制作如表 3.2 所示的表格，以“学生信息数据源 .docx”命名保存。

表 3.2　学生信息数据源

姓名	学院	专业	日期
李平	信息与电气工程	信息管理	9 月 1 日
章小力	外国语	英语	9 月 1 日
丁伟其	交通	汽车运用技术	9 月 10 日

数据源文档可以是电子表格、数据库文件、用 WPS Office 文字处理制作的表格等。本数据源是用 WPS Office 文字处理制作的表格，按照表 3.2 制作完成后，以“学生信息数据源 .docx”命名保存。

③ 进行邮件合并，制作录取通知书。

a. 打开数据源文件。打开主文档“录取通知书主文档 .docx”，将插入点置于“同学”的前面，单击“引用”选项卡 | 右侧第一组 | “邮件”按钮 | “邮件合并”选项卡 | 左侧第一组 | “打开数据源”按钮 ，打开“选取数据源”对话框，如图 3.72 所示。选择数据源文件所在的文件夹，双击数据源文件“学生信息数据源 .docx”。

b. 在主文档中插入合并域。单击“邮件合并”选项卡 | 左侧第二组 | “插入合并域”按钮，打开“插入域”对话框，如图 3.73 所示，双击“姓名”选项，文档中将出现带尖括号的合并域“《姓名》”，单击“关闭”按钮关闭“插入域”对话框。用同样方法将合并域“《学院》”“《专业》”“《日期》”分别插入到主文档“学院”“专业”“带”的前面，如图 3.74 所示。

c. 把数据合并到新文档。单击“邮件合并”选项卡 | 右侧第三组 | “合并到新文档”按钮，打开“合并到新文档”对话框，如图 3.75 所示，单击“确定”按钮，将合并结果保存到一个新文字文稿中，单击快速访问工具栏中的“保存”按钮，在打开的“另存为”对话框中以“录取通知书 .docx”命名保存新文字文稿。新文字文稿中包含了数据源中所有新生的类似图 3.70 所示的录取通知书，可依次将其打印。

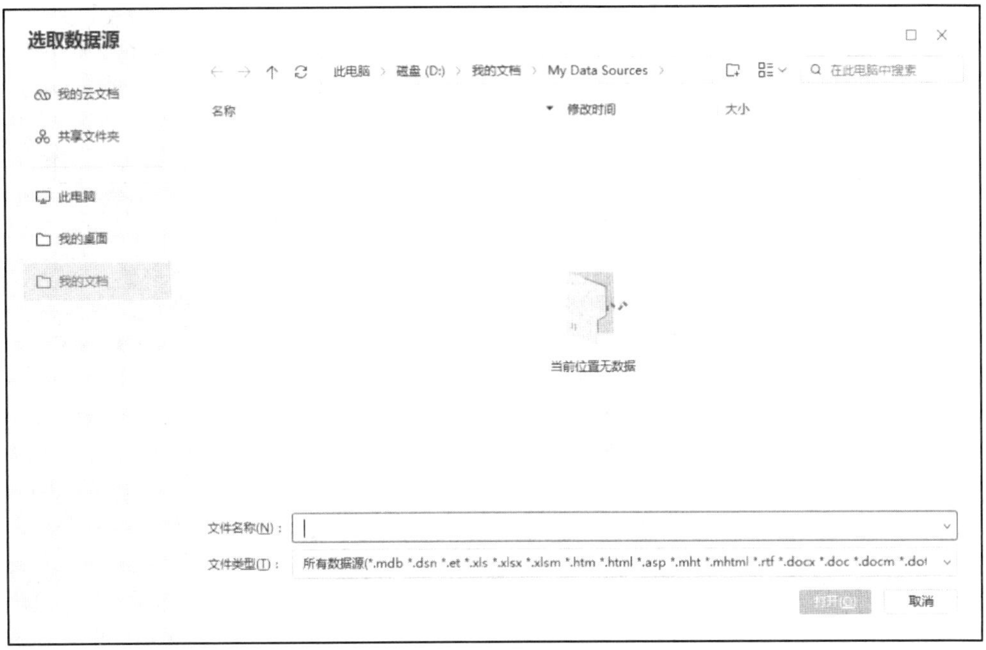

图 3.72 “选取数据源”对话框

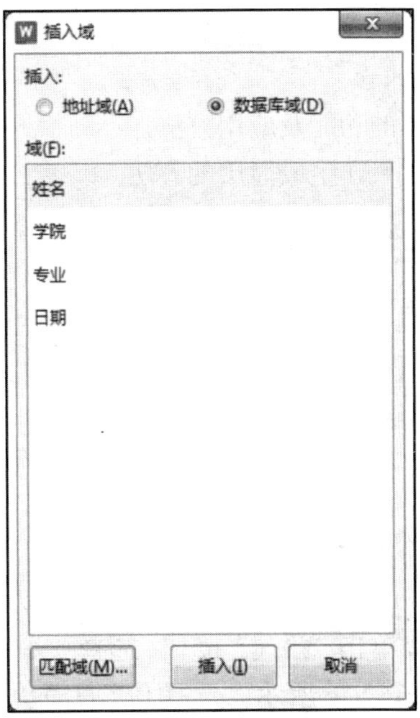

图 3.73 “插入域”对话框

录取通知书

«姓名»同学：

你已被录取于我校«学院»学院«专业»专业，请你于 2024 年«日期»带好本通知书及有关材料来校报到注册。

报到地点：大礼堂。

清华大学

2024 年 8 月 10 日

图 3.74 插入了合并域的录取通知书主文档

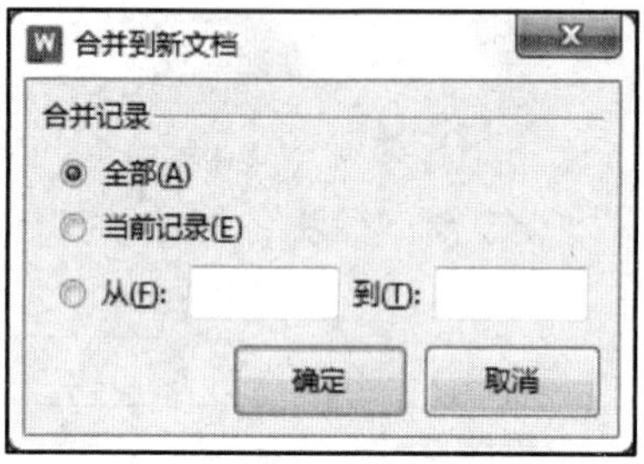

图 3.75 “合并到新文档”对话框

3.7 实验七: 使用 WPS 文字 AI 生成简历

1. 实验目的

（1）掌握 WPS 文字 AI 的功能及应用方法。
（2）掌握使用 WPS 文字 AI 生成简历的方法。

2. 实验内容

制作一份大学生求职简历。

3. 实验参考步骤

制作一份大学生求职简历。

【参考步骤】

打开 WPS Office 系统，单击“新建”按钮，选择“文字”|“智能起草”选项，打开“智能起草”对话框，如图 3.76 所示。选择“求职简历”选项，在展开的“智能起草”对话框中，输入相关的信息，包括目标行业、目标岗位、工作经验和岗位描述，如

图 3.77 所示。输入完成后，单击“立即创建”按钮，稍等片刻，即可生成一份黑白的简历。在生成的简历基础上，用户可以进一步做内容调整和排版优化。

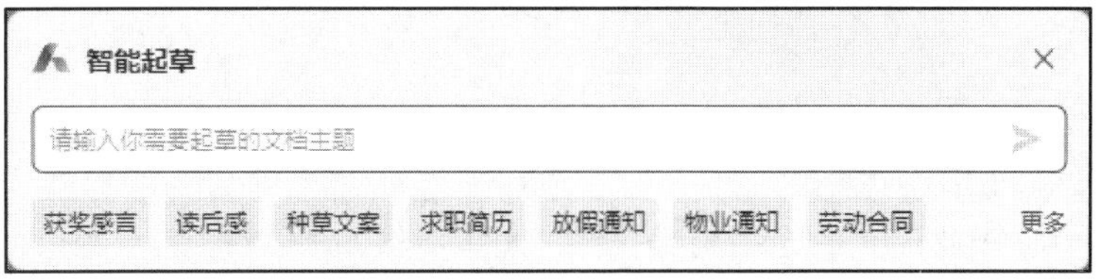

图 3.76　“智能起草”对话框

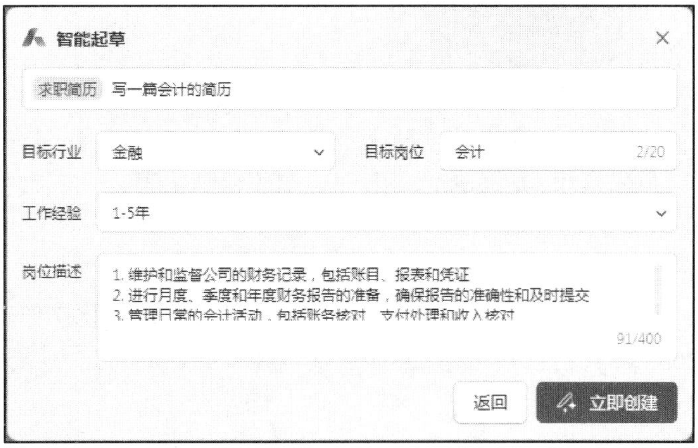

图 3.77　“智能起草”对话框

首先在“排版美化”功能下，可以选择各种不同的简历模板，选择喜欢的简历模板，然后调整排版设置，比如，调整正文字体的大小、间距大小以及模块间距等。

如果觉得现有模块信息不够全面，可以选择“模块管理”功能选项进行自定义调整。这包括调整模块顺序、增减模块内容，或添加在校经历、实习经历、荣誉证书等新模块。完成模块调整后，即可对每个模块的信息进行编辑和优化。在基本信息和求职意向模块，单击右侧的“编辑”按钮，即可进行编辑。对于其他模块，直接单击即可进行编辑状态。

如果在编辑过程中遇到困难，可以单击“参考案例”功能模块查看多个参考案例。选择一个与自己情况类似的案例，单击右上角的“复制”按钮，将复制的内容粘贴到相应模块中。如果对编辑结果仍不满意，可以单击模块右上角的“润色”按钮。系统将会提供优化后的内容。用户可根据需求单击“完成”“重试”或“弃用”按钮。

完成内容优化之后，即可上传证件照。单击选择“证件照”功能模块，然后单击“本地上传”按钮，即可上传提前准备好的照片。或者单击“在线制作”按钮，通过手机拍摄并现场制作照片上传。

制作完成后，可将简历导出。单击简历右上角的“生成简历”按钮，即可生成不同格式的简历。如果是会员，可直接将简历保存到目标位置；如果不是，则需要付费后才能保存简历。

本章实验小结

1. 长文稿的组织与编排

完成案例“毕业论文的组织与编排”的大体步骤如下：

（1）组织论文。

组织论文的途径有多种，可以自己直接输入，可以上网搜索，或是从别的文稿里复制，也可以直接插入文件。

（2）编辑论文。

可以通过复制和移动的方式编辑论文，如果只想复制不带格式的文本或表格中的纯文字，那么就需要用到选择性粘贴了。可以通过Delete键、Backspace键、剪切几种方式删除文稿中的错误，如果论文中出现较多的相同错误，可以通过查找和替换等方法编辑修改。

（3）论文的格式设置与排版。

论文的格式设置包括对字符的格式化操作、对段落的格式化操作、设置项目符号和编号、边框和底纹的设置、对段落的分栏、设置背景等。通过这一系列的操作，可以使论文规范和美观。

（4）插入图形和对象。

在写论文时，往往需要插入图片、图形、数学公式、文本框、艺术字等一些对象。通过插入图形和对象，可以使论文内容更加丰富多彩。

（5）表格制作。

论文中有一些数据以表格形式呈现往往更加清晰、简单、统一，在论文中表格的应用非常广泛。

（6）页面排版。

长文稿的页面排版的基本步骤如下：

① 页面设置。

② 分节和分页。

③ 插入页码。

④ 页眉和页脚。

⑤ 样式（设置几级标题）。

⑥ 交叉引用。

⑦ 建立目录。

注意：在编辑不同的页眉和页脚时，要特别注意“页眉和页脚工具－设计”上下文选项卡｜“导航”组｜“链接到前一节”按钮的使用。

2. 邮件合并

在日常工作中，经常要处理成批的一组文稿，如录取通知书、准考证、学生成绩单、获奖证书、会议通知、信封、请柬、工资条等，这些文稿不同于一般的文稿，它们的共同点是都由两部分组成：共同部分和不同部分。以录取通知书为例，不同部分是各个同学的姓名、系名、专业名和日期，其余的部分为共同部分。如果使用普通文字文稿的编辑方法，制作和打印成批的这类文稿是一件很麻烦的事情，而利用 WPS Office 提供的邮件合并功能，则可以轻松地完成。

所谓“邮件合并”，就是先把成批同一种类型的文字文稿中的相同的结构和信息创建为一份文字文稿，再把不同的信息创建为另一份文字文稿，然后将两份文字文稿以一定的方式进行合并，从而得到主体结构一致而只有个别属性不一致的一系列文字文稿。其中，由相同的信息和结构创建的文档称为“主文档”，由不同的信息创建的文档称为“数据源”，而由“主文档”和“数据源”文档合并后得到的一系列文档称为“合并文件”。

应用练习

一、基础练习

1. 打开第 3 章素材中的“练习 1.docx”文稿并按如下要求操作：

（1）将文章标题“奥运会的来历”设置为系统默认“标题 3”样式，并将其居中对齐。

（2）将以“古代奥运会自公元前 776 年于希腊的奥林匹亚举行以来，”开始的段落的缩进格式设置成与其他段落具有相同的缩进格式。

（3）将文稿中的图片设置为嵌入式，仍放置在以“奥林匹克的复兴始自 1896 年，”开始的段后，且居中显示。

（4）为本文中字体颜色为红色的这句话设置红色的双下划线。

（5）将“附：最近四次奥运举办城市”下面的文本转换成五行三列表格，表格居中，表格中单元格内容中部居中，表头文字设置为粗体。并将第 1 列的宽度设置为 2 cm，第 2、3 列的宽度分别设置为 4 cm。

（6）将本文稿的页面方向设置为“纵向”。

2. 打开第 3 章素材中的“练习 2.docx”文稿并按如下要求操作：

（1）将文章标题“思念帮助”，改为黑体二号字，加粗，并将其设为居中对齐。

（2）给“生活中充满了艰辛”这几个字加双下划线，下划线颜色为红色。

（3）将以“我永远不能忘记的是”开始的段落的段前和段后间距都设置为 1 行。

（4）在以“我在北京成家后”开始的段落后插入一幅“情感”类别的剪贴画。

（5）将“十多年的都市生活”这几个字设置为隶书，并将以“十多年的都市生活”开始的段落设为首字下沉两行的效果。

（6）在文章最后插入一个四行三列的表格。

3. 打开第 3 章素材中的“练习 3.docx”文稿并按如下要求操作：

（1）将文章标题“分辨率简介”设置为系统默认“标题 2”样式，并将其居中对齐。

（2）将以“液晶显示器和传统的CRT显示器,”开始的段落从“传统CRT显示器所支持的分辨率较有弹性,”开始分成两段。

（3）将文中“液晶显示器和传统的CRT显示器,分辨率都是重要的参数之一。”这句话设置为蓝色的粗下划线。

（4）使用剪贴板的抓图功能,将“显示”属性对话框放置到“在Windows 7中,”段后,且将图片的高度和宽度分别设置为6厘米和5厘米,居中显示。

（5）将本文稿中表格从“模拟电视标准”开始的行转换成文本,文本之间以“制表符”分隔。

（6）将本文稿的页面方向设置为“横向”。

4. 打开第3章素材中的“练习4.docx”文稿并按如下要求操作:

（1）将以“三网合一是一种广义的、”开始的段落和以“其表现为技术上趋向一致,”开始的段落合并成一段落。

（2）将以“三网合一也叫三网融合,”开始的段落的段前间距设置为1行,段后间距设置为1行。

（3）将文稿中表格从序号为7的行开始（含该行）,将表格拆分成两个表格。

（4）利用替换功能,将本文中所有的单词“Network”替换成加粗、红色显示的“网络”一词。

（5）给以“三网合一也叫三网融合,”开始段落中的“电信网、广播电视网和计算机通信网”这几个字加上着重号,并设置为黑体字。

（6）将本文稿的页面方向设置为“纵向”。

二、综合应用

1. 以“智能手机的利与弊”为主题,设计一个电子板报。

（1）包含知识点:页面设置、分栏、字符格式化、段落格式化、插入艺术字、插入文本框、插入图片、插入自选图形、页面背景、项目符号与编号等。

（2）要求围绕着主题合理设计版面,图文并茂,美观大方,包含的知识点全面。

2. 以表格的形式制作一份自我介绍。

（1）包含知识点:表格制作、表格格式化、插入图片、项目符号与编号,插入艺术字等。

（2）要求以表格的形式介绍自己的姓名、性别、出生日期、学历、教育经历、奖惩情况、特长与爱好等。图文并茂,美观大方,包含的知识点全面。

3. 以“计算机”为主题制作一个长文稿。

（1）包含知识点:分页和分节、插入页码、页面设置、页眉和页脚、样式、交叉引用、目录、题注等。

（2）要求制作围绕着“计算机”主题的不少于20页的长文稿。用A4复印纸,纵向双面打印,页边距:上、下为3.0 cm,内侧（左）为3.0 cm,外侧（右）为2.0 cm,左侧装订,装订线为1.0 cm,页眉、页脚分别为2.0 cm,奇偶页页眉不同。偶数页眉为封面长文稿的题目,奇数页眉为一级标题,均用宋体、五号字。封面没有页码,页码从第1

章开始按阿拉伯数字连续编排,前置部分用小写罗马数字单独编排。页码位于页面底端、居中、采用 Times New Roman 字体、五号字。文中标注的文献序号(右上角,方括号)与文末的文献相连。生成目录。

4. 制件如图 3.78 所示的某公司年会邀请函。

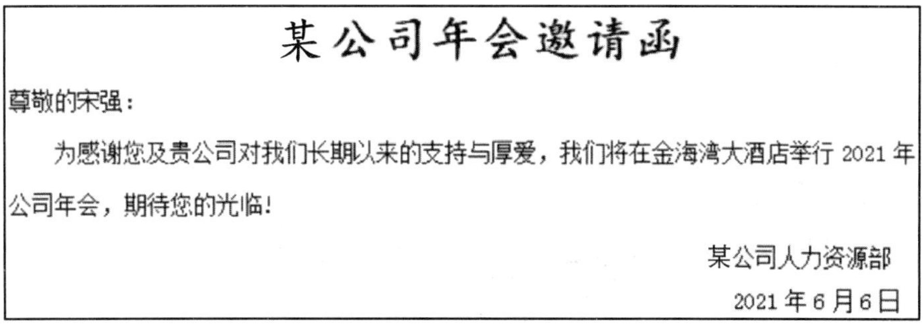

某公司年会邀请函

尊敬的宋强：

为感谢您及贵公司对我们长期以来的支持与厚爱，我们将在金海湾大酒店举行 2021 年公司年会，期待您的光临!

某公司人力资源部

2021 年 6 月 6 日

图 3.78　公司年会邀请函

第 4 章　数据处理高级应用

4.1　实验一：工作簿的创建与保存

1. 实验目的

（1）掌握工作簿的创建方法。

（2）掌握各种类型数据的输入方法和技巧。

（3）掌握批注的输入、编辑及格式设置方法。

2. 实验内容

（1）新建工作簿 1，工作簿 1 中新工作表数量为 7 个。

（2）依次隐藏编辑栏、网格线、行号列标，并依次观察窗口的变化。

（3）创建含有 sheet1 工作表的工作簿。其中，英语和数学为数值型，出生日期为日期型，其他均为字符型数据，如图 4.1 所示。

① 学号列借助自动填充完成，出生日期、英语和数学列中的连续相同数据、自动增 1、等差数列均采用自动填充的方法来填充。

② 利用姓名列的现有数据创建自定义序列。

③ 性别用数据有效性完成输入。

（4）批注的输入、编辑及格式设置。

① 为 B3 单元格插入批注，内容是“班长：2024–2025 学年二等奖学金获得者”。

② 复制 B3 单元格的批注到 B6 单元格，并将其内容修改为“副班长：2024–2025 学年一等奖学金获得者”，设置其字体为楷体、字号为 9。

③ 删除 B3 单元格的批注。

（5）将工作簿以“期末考试情况 .xlsx”命名，并保存在 D 盘。

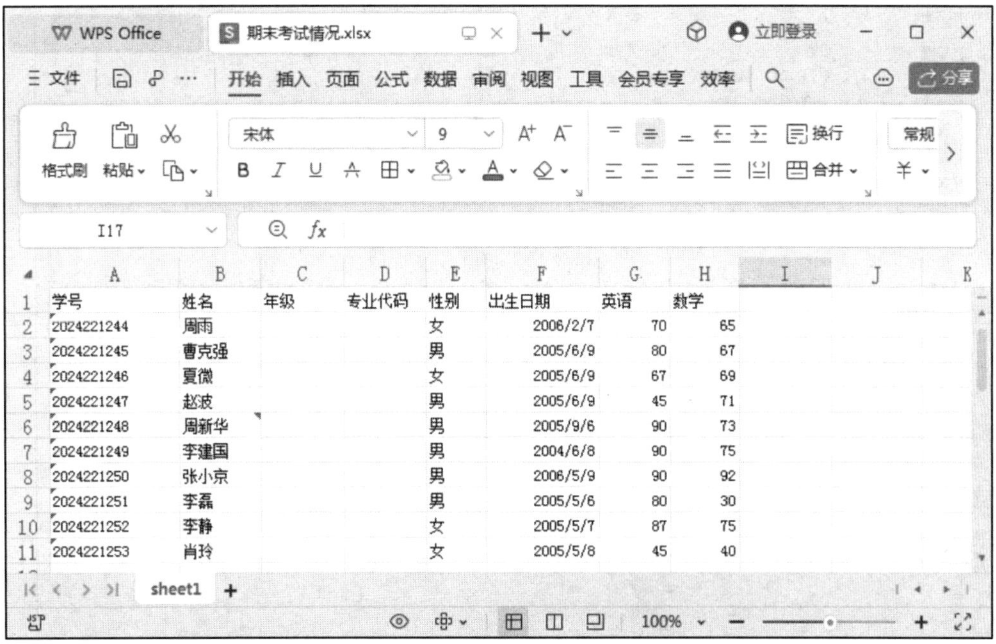

图 4.1 工作表 sheet1

3. 实验参考步骤

（1）新建工作簿 1，工作簿 1 中新工作表数量为 7 个。

【参考步骤】

启动 WPS Office 时，单击 WPS Office 首页左侧主导航的“＋新建”按钮，弹出“新建”窗格，单击“Office 文档”区域的“表格”按钮，在弹出的模板窗格中单击“空白表格”按钮，即可新建工作簿 1。

单击“文件”|“选项”选项，打开“选项”对话框，如图 4.2 所示，在左侧窗格中选择“常规与保存”选项，在右侧对应窗格中“新工作簿内的工作表数”文本框中输入 7，单击“确定”按钮，即可使再次新建的工作簿内的默认工作表数量为 7。

（2）依次隐藏编辑栏、网格线、行号列标，并依次观察窗口的变化。

【参考步骤】

单击“文件”|“选项”选项，打开“选项”对话框，选择“视图”选项，其对应的窗格如图 4.3 所示。在“显示”选项区域，单击“编辑栏”复选框，复选框中的“√”将消失；在“窗口选项”区域，依次单击“行号列标”“网格线”前的复选框，复选框中的“√”将消失，单击“确定”按钮，即可看到窗口中的编辑栏、行号列标、网格线已经隐藏。

（3）创建含有 sheet1 工作表的工作簿。其中英语和数学为数值型，出生日期为日期型，其他均为字符型数据。

① 学号列借助自动填充完成，出生日期、英语和数学列中的连续相同数据、自动增 1、等差数列均采用自动填充的方法来填充。

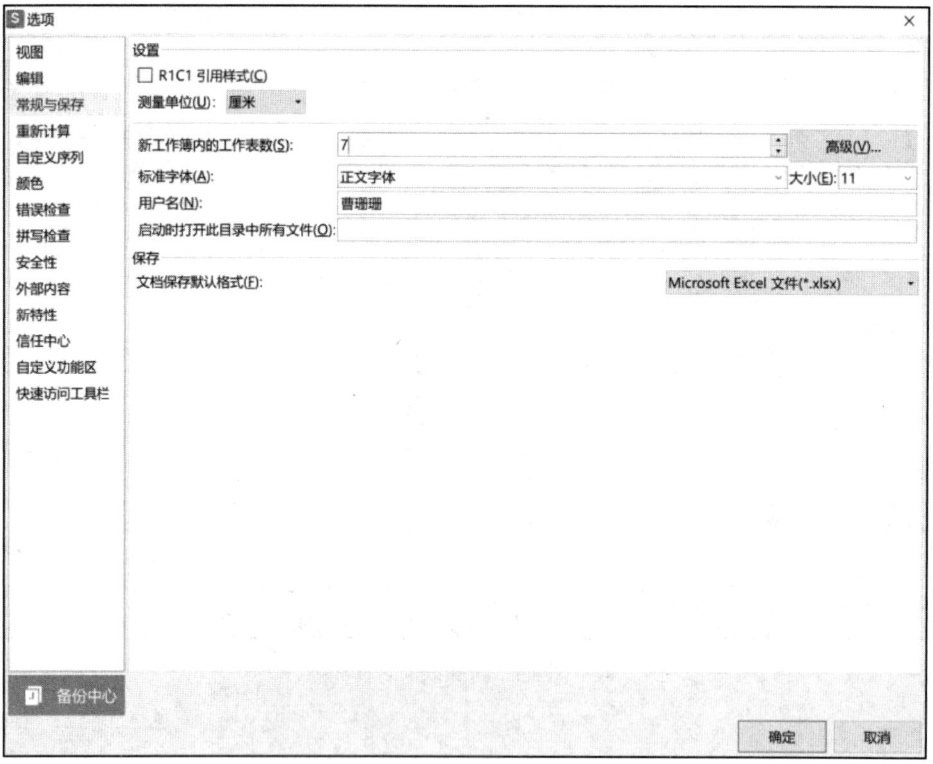

图 4.2 “选项”对话框

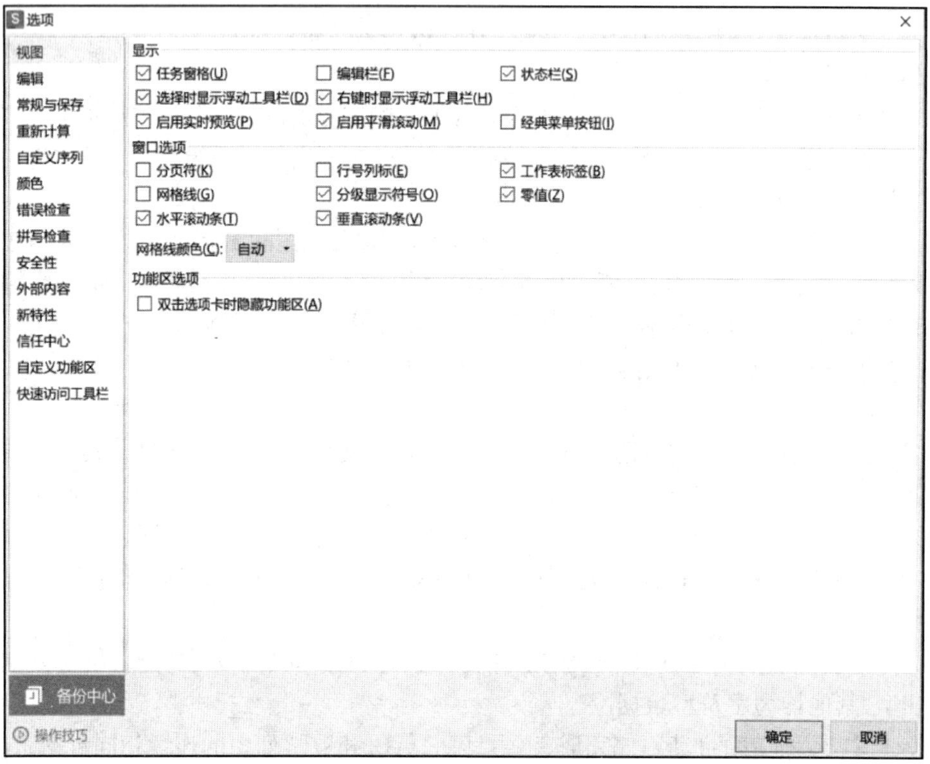

图 4.3 “选项”对话框“视图”窗格

【参考步骤】

在 A1 单元格中输入“学号”作为列标题。

在 A2 单元格中输入“'2024221244”（注意：输入由数字组成、长度小于 12 的文本型数据时，应先输入英文半角的单引号，再输入相应字符），选中 A2 单元格，鼠标指向 A2 单元格右下角的填充柄，当鼠标指针变成黑色十字形时，按住鼠标左键拖动至 A11 单元格，松开鼠标，鼠标所经过的单元格都被填充了连续自动增 1 的数据。

注意：在 WPS Office 电子表格中，数字组成的文本型数据若超过 11 位数字，拖动填充柄填充数据时，就无法填充连续自动增 1 的序列。比如，输入身份证号后，拖动填充柄自动填充，结果是复制了身份证号。

在 F1、G1、H1 单元格中分别输入“出生日期”“英语”“数学”作为列标题，然后输入数据。输入“出生日期”列的连续自动增 1 日期型数据时采用上面的方法填充，而在填充“出生日期”列相同的日期型数据和“英语”列相同的数值型数据时，在按住鼠标左键拖动填充柄的同时须按住 Ctrl 键。

输入“数学”列的等差数列时，先在 H2 单元格中输入“65”，鼠标指针指向 H2 单元格右下角的填充柄，当鼠标指针变成黑色十字形时，按住鼠标右键拖动至 H7 单元格，松开鼠标，从弹出的快捷菜单中选择“序列”命令，打开“序列”对话框，如图 4.4 所示，在“步长值”文本框中输入“2”。单击“确定”按钮即可。

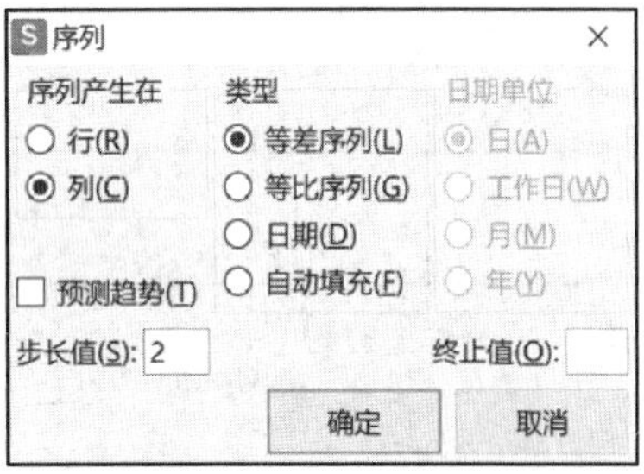

图 4.4　“序列”对话框

② 利用姓名列的现有数据创建自定义序列。

【参考步骤】

“姓名”列的数据输入完成后，选定其中的所有数据，然后单击“文件”|“选项”选项，打开“选项”对话框，如图 4.5 所示，在左侧窗格中选择“自定义序列”选项，在其对应的右侧窗格中的“从单元格导入序列”文本框出现选定数据区域地址，单击“导入”按钮，即可将选定的数据清单导入到“自定义序列”列表框中，如图 4.6 所示。单击“确定”按钮退出“选项”对话框。

③ 性别用数据有效性完成输入。

【参考步骤】

在 E1 单元格中输入“性别”作为列标题。选定单元格区域 E2:E11，单击“数据”选项卡｜左侧第三组｜“有效性”按钮，打开“数据有效性”对话框，如图 4.7 所示，在“设置”选项卡中的“允许”下拉列表框中选择“序列”，在“来源”文本框中输入“男,女”（注意：之间的逗号必须是英文标点），单击“确定”按钮后即可发现，单击单元格区域 E2:E11 中的任何单元格，其右侧都会出现下拉箭头，单击下拉箭头，从下拉列表框中可选择输入。

（4）批注的输入、编辑及格式设置。

① 为 B3 单元格插入批注，内容是“班长：2024-2025 学年二等奖学金获得者”。

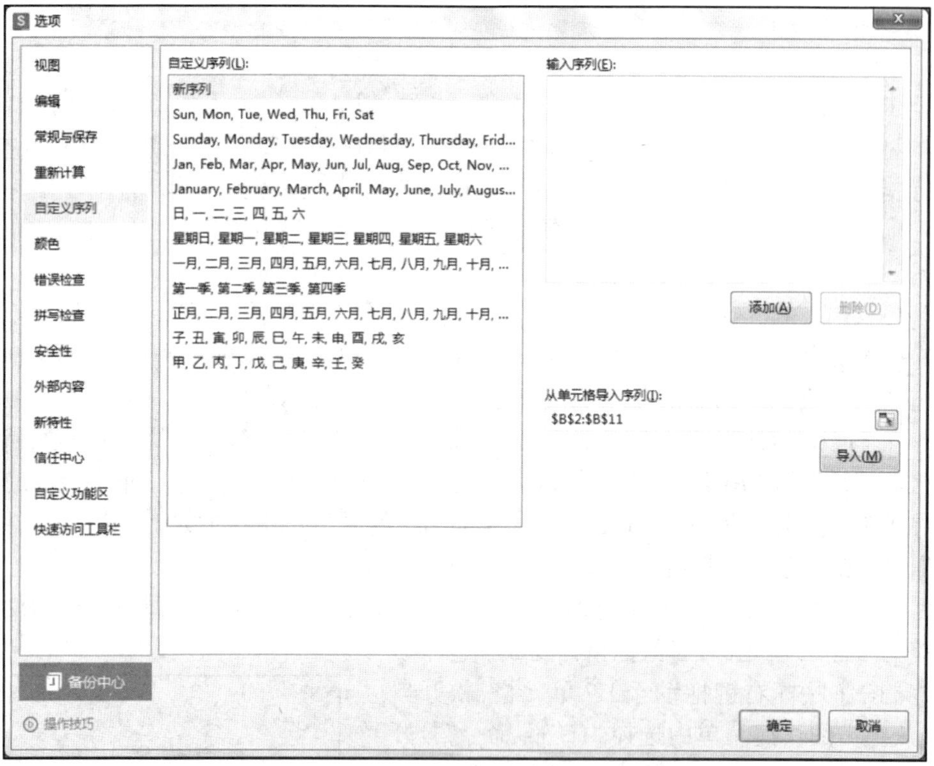

图 4.5　“选项”对话框

图 4.6　导入选定数据清单后的“选项”列表框

【参考步骤】

单击 B3 单元格，单击“审阅”选项卡｜左侧第二组｜“新建批注”按钮，在弹出的批注编辑框中输入“班长：2024–2025 学年二等奖学金获得者”。

② 复制 B3 单元格的批注到 B6 单元格，并将其内容修改为“副班长：2024–2025 学年一等奖学金获得者”，设置其字体为楷体、字号为 9。

【参考步骤】

单击 B3 单元格，按 Ctrl+C 组合键。右击 B6 单元格，从弹出的快捷菜单中选择“选择性粘贴”命令，打开“选择性粘贴”对话框，如图 4.8 所示，选中“批注”单选按钮。单击“确定”按钮即完成批注的复制。再右击 B6 单元格，从弹出的快捷菜单中选择“编辑批注”命令，在弹出的批注编辑框中将批注修改为“副班长：2024–2025 学年一等奖学金获得者”，然后将其选中，按要求设置其格式。

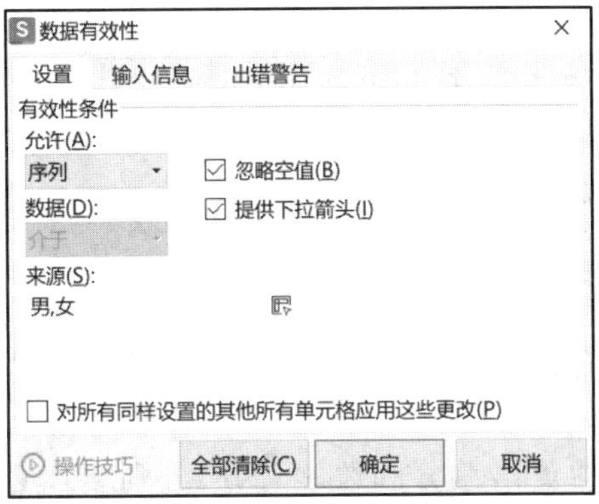

图 4.7 “数据有效性”对话框

图 4.8 “选择性粘贴”对话框

③ 删除 B3 单元格的批注。

【参考步骤】

右击 B3 单元格，从弹出的快捷菜单中选择“删除批注”命令即可。

（5）将工作簿以“期末考试情况 .xlsx”命名，并保存在 D 盘。

【参考步骤】

单击“文件”｜“另存为”选项，打开“另存为”对话框。在左侧窗格中选择“D 盘”，在“文件名”文本框中输入“期末考试情况”，单击“确定”按钮即可。

4.2 实验二：数据计算

1. 实验目的

（1）掌握公式的输入、编辑和复制方法。

（2）掌握常用函数 SUM、AVERAGE、COUNTIF、SUMIF、MAX、MIN、IF、RANK、

LEFT、MID、VLOOKUP、COLUMN 等的使用方法。

（3）掌握公式和函数中单元格的引用（相对引用、绝对引用和混合引用）。

2. 实验内容

（1）打开“期末考试情况.xlsx”工作簿，在 sheet1 工作表的 I1、J1、K1、L1 单元格中分别输入“总成绩”“平均成绩”“名次”“总评”，在 B12、B13、B14、B15、B16、B17、B18 单元格中分别输入“最高分”“最低分”“优秀人数”“合格人数”“不合格人数”“性别为女的总分”“性别为男的总分”。

（2）使用公式（总成绩 = 英语 *0.4+ 数学 *0.6）和 SUM 函数两种方法计算并填入每个人的总成绩。

（3）使用 AVERAGE 函数计算并填入每个人的平均成绩。

（4）使用 RANK 函数根据总成绩计算并填入每个人的名次。

（5）使用 IF 函数根据总成绩统计并填入每个人的总评（总成绩 >=90 为“优秀”，<60 为“不合格”，其他为“合格”）。

（6）使用 MAX 函数计算英语和数学的最高分，分别填入 G12 和 H12 单元格中。

（7）使用 MIN 函数计算英语和数学的最低分，分别填入 G13 和 H13 单元格中。

（8）使用 COUNTIF 函数将优秀人数、合格人数和不合格人数统计出来，分别填入 L14、L15、L16。

（9）使用 SUMIF 函数计算性别为女的英语总分和数学总分，分别填入 G17、H17；使用 SUMIF 函数计算性别为男的英语总分和数学总分，分别填入 G18、H18。

（10）在 C2 单元格中，利用 LEFT 函数求出年级，年级为学号的前 4 位，并将该公式向下填充 C3：C11 区域，在 D2 单元格中，使用 MID 函数求出专业代码，专业代码为学号第 5～8 位，并将该公式向下填充 D3：D11 区域。

（11）在“期末考试情况”工作簿中，新建工作表“贫困生成绩”。在“贫困生成绩”工作表中，根据姓名：李建国、李静、周新华、夏微、周雨、肖玲，在英语、数学、总成绩、平均成绩、名次列中，使用 VLOOKUP 和 COLUMN 函数完成英语、数学、总成绩、平均成绩、名次的自动填充。

3. 实验参考步骤

（1）打开“期末考试情况.xlsx”工作簿，在 sheet1 工作表的 I1、J1、K1、L1 单元格中分别输入“总成绩”“平均成绩”“名次”“总评”，在 B12、B13、B14、B15、B16、B17、B18 单元格中分别输入“最高分”“最低分”“优秀人数”“合格人数”“不合格人数”“性别为女的总分”“性别为男的总分”。

【参考步骤】

略。

（2）使用公式（总成绩 = 英语 *0.4+ 数学 *0.6）和 SUM 函数两种方法计算并填入每个人的总成绩。

【参考步骤】

方法一：单击 I2 单元格，输入“=G2*0.4+H2*0.6”，然后按 Enter 键，即可计算出第 1 个记录的总成绩。向下拖动 I2 的填充柄至 I11，其他总成绩则依次填入。

方法二：选定 I2 单元格，单击编辑栏中的“插入函数”按钮，打开“插入函数”对话框，如图 4.9 所示，在“选择函数”列表框中选择“SUM”。单击“确定”按钮，打开“函数参数”对话框，如图 4.10 所示。单击“数值 1”文本框，然后输入 G2*0.4，单击“数值 2”文本框，输入 H2*0.6，单击“确定”按钮，计算出 I2 单元格总成绩。再用拖动填充柄复制的方法依次填入其他总成绩。

（3）使用 AVERAGE 函数计算并填入每个人的平均成绩。

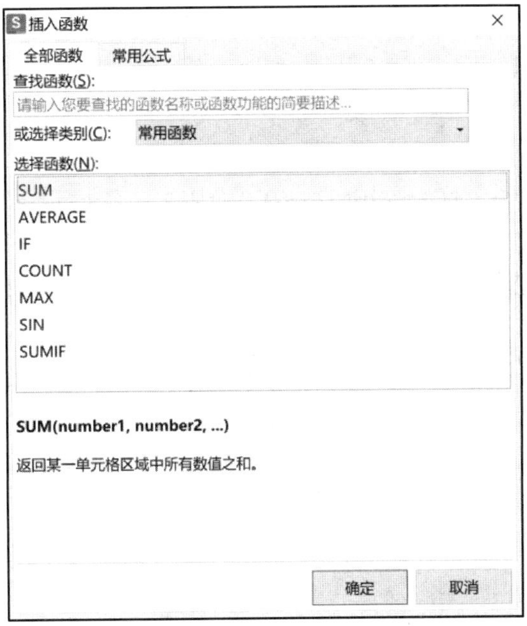

图 4.9 在“插入函数”对话框选择 SUM 函数

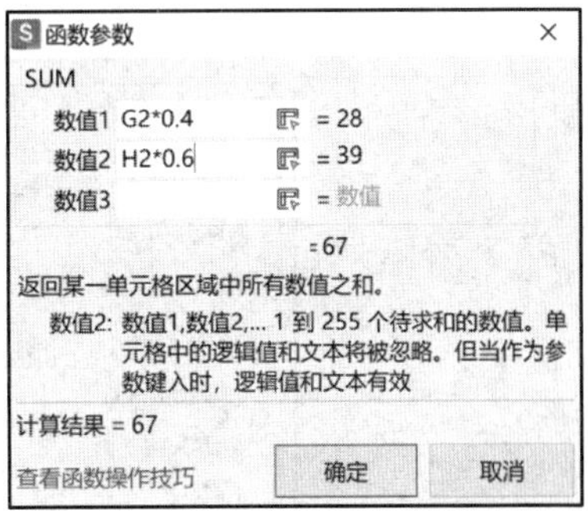

图 4.10 SUM“函数参数”对话框

【参考步骤】

单击 J2 单元格，直接输入“=AVERAGE（G2：H2）”，即可计算出第一个记录的平均成绩。或单击 J2 后，在“插入函数”对话框中的“选择函数”列表框中选择“AVERAGE”，单击“确定”按钮，打开 AVERAGE“函数参数”对话框，如图 4.11 所示，将插入点置于“数值 1”文本框，单击 G2 单元格；再将插入点置于“数值 2”文本框，单击 H2 单元格，则“数值 1”文本框和“数值 2”文本框分别出现“G2”和“H2”，

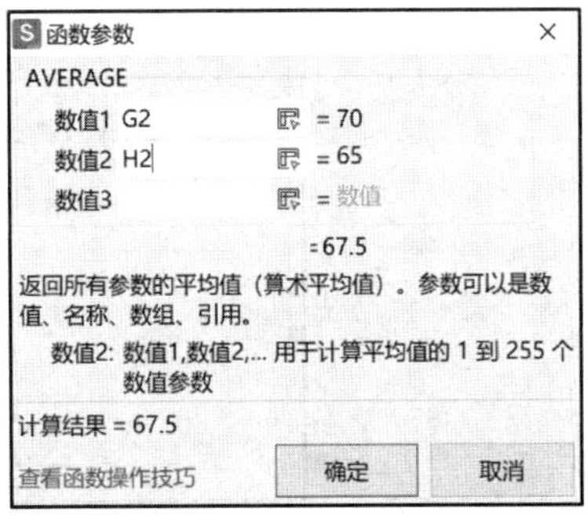

图 4.11 AVERAGE“函数参数”对话框

然后单击“确定”按钮，即可计算出第一个记录的平均成绩。向下拖动 J2 填充柄至 J11，即可求出每个人的平均成绩。

（4）使用 RANK 函数根据总成绩计算并填入每个人的名次。

【参考步骤】

单击 K2 单元格，直接输入“=RANK(I2, I$2:I$11, 0)”，即可求出第一个记录的名次。或单击 K2 后，在“插入函数”对话框中的“或选择类别”下拉列表框中选择“统计”，再从“选择函数”列表框中选择“RANK”，如图 4.12 所示。单击“确定”按钮，打开 RANK“函数参数”对话框，将插入点置于“数值”文本框，单击 I2 单元格，“数值”文本框将显示 I2；再将插入点置于“引用”文本框，用鼠标拖动的方法选定 I2:I11，“引用”文本框将显示 I2:I11，接着在行标和列标前加上“$”（按 F4 键或直接输入），使之成为绝对地址，或只在行标前加“$”，使之成为混合地址，如图 4.13 所示。再单击“确定”按钮，即可计算出第一个记录的名次。向下拖动 I2 填充柄至 I11，即可求出每个人的名次。

（5）使用 IF 函数根据总成绩统计并填入每个人的总评（总成绩 >=90 为“优秀”, <60 为“不合格”，其他为“合格”）。

【参考步骤】

单击 L2 单元格，直接输入“=IF(I2>=90, " 优秀 ", IF(I2>=60, " 合格 ", " 不合格 "))”，即可求出第 1 个记录的总评。或单击 L2 单元格，在“插入函数”对话框中的“或选择类别”下拉列表框中选择“全部”，在“选择函数”列表框中选择“IF”，单击“确定”按

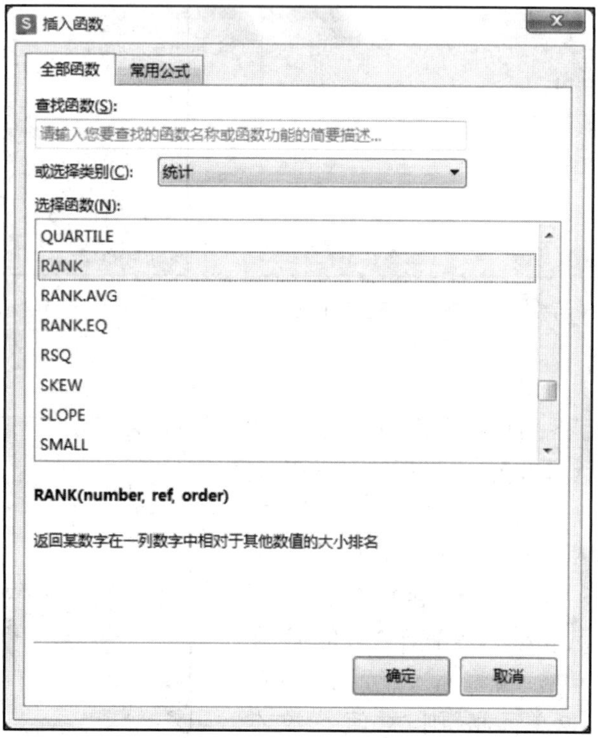

图 4.12　在“插入函数”对话框中选择“RANK”函数

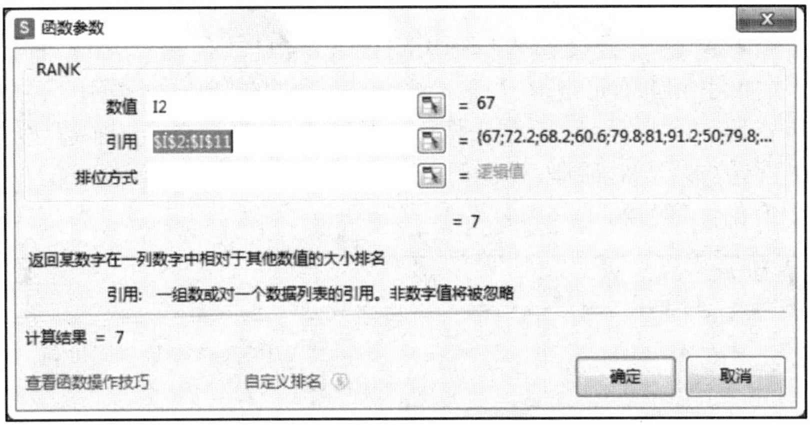

图 4.13　RANK“函数参数”对话框

钮，打开 IF“函数参数”对话框，并填入相应的项目，如图 4.14 所示，单击“确定”按钮，即可得到第 1 个记录的总评。然后向下拖动 L2 填充柄至 L11，即可求出每个人的总评。

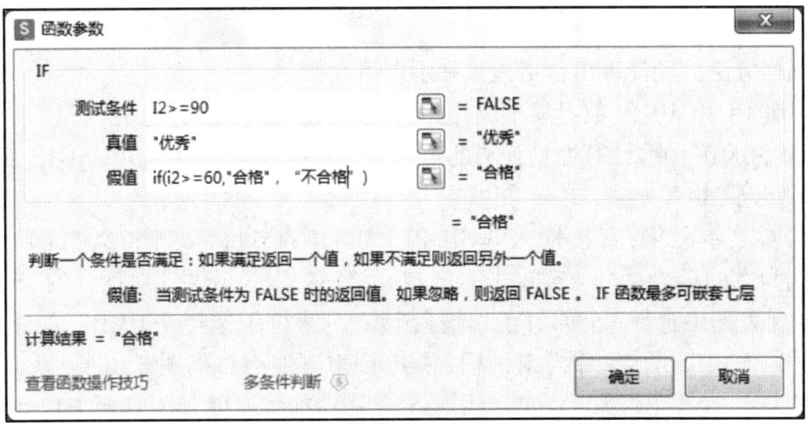

图 4.14　IF“函数参数”对话框

（6）使用 MAX 函数计算英语和数学的最高分，分别填入 G12 和 H12 单元格中。

【参考步骤】

单击 G12 单元格，直接输入“=MAX(G2:G11)”，即可计算出“英语”的“最高分”。或单击 G12 单元格，在“插入函数”对话框的“或选择类别”下拉列表框中选择“全部”，在“选择函数”列表框中选择“MAX”，单击“确定”按钮，打开 MAX“函数参数”对话框，单击“确定”按钮，即可计算出英语的最高分。然后横向拖动 G12 填充柄至 H12 单元格，即可计算出数学的最高分。

（7）使用 MIN 函数计算英语和数学的最低分，分别填入 G13 和 H13 单元格中。

最低分使用 MIN 函数计算，使用方法同于 MAX 函数。

（8）使用 COUNTIF 函数将优秀人数、合格人数和不合格人数统计出来，分别填入 L14、L15、L16。

【参考步骤】

单击L14单元格,直接输入“=COUNTIF(L2:L11,"优秀")”,即可计算出优秀人数。或单击L14单元格,在“插入函数”对话框的“或选择类别”下拉列表框中选择“统计”,在“选择函数”列表框中选择“COUNTIF”,单击“确定”按钮,打开COUNTIF“函数参数”对话框,并填入相应的项目,如图4.15所示。单击“确定”按钮,即可计算出优秀人数。

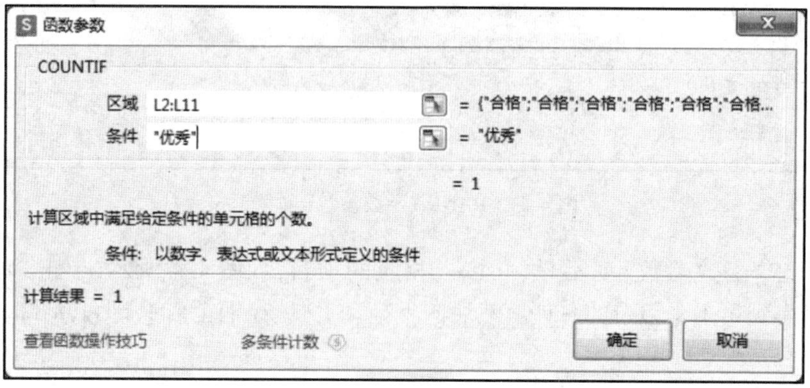

图4.15 COUNTIF“函数参数”对话框

用同样方法分别计算出合格人数和不合格人数。

(9)使用SUMIF函数计算性别为女的英语总分和数学总分,分别填入G17、H17;使用SUMIF函数计算性别为男的英语总分和数学总分,分别填入G18、H18。

【参考步骤】

单击G17单元格,直接输入“=SUMIF($E$2:$E$11,"女",G2:G11)”,即可计算出性别为女的英语总分。或单击G17单元格,在“插入函数”对话框的“或选择类别”下拉列表框中选择“全部”,在“选择函数”列表框中选择“SUMIF”,单击“确定”按钮,打开SUMIF“函数参数”对话框,并填入相应的项目,如图4.16所示。单击“确定”按钮,即可计算出性别为女的英语总分。横向拖动G17填充柄至H17,可计算出性别为女的数学总分。

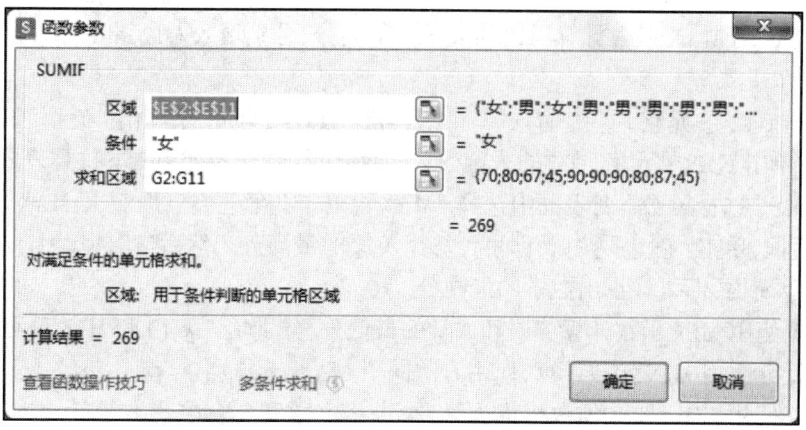

图4.16 SUMIF“函数参数”对话框

用同样方法可计算出性别为男的英语总分和数学总分。

（10）在 C2 单元格中，利用 LEFT 函数求出年级，年级为学号的前 4 位，并将该公式向下填充 C3：C11 区域，在 D2 单元格中，使用 MID 函数求出专业代码，专业代码为学号第 5～8 位，并将该公式向下填充 D3：D11 区域。

【参考步骤】

单击 C2 单元格，直接输入“=LEFT（A2，4）”，即可计算出年级。或单击 C2 单元格，在“插入函数”对话框的“或选择类别”下拉列表框中选择“全部”，在“选择函数”列表框中选择“LEFT”，单击“确定”按钮，打开 LEFT“函数参数”对话框，并填入相应的项目，如图 4.17 所示。单击“确定”按钮，即可计算出第 1 个记录的年级。向下拖动 C2 填充柄至 C11，可计算出其他记录的年级。

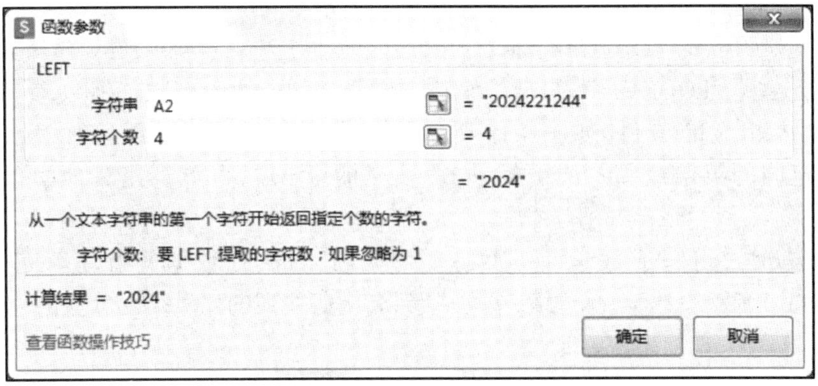

图 4.17　LEFT“函数参数”对话框

单击 D2 单元格，直接输入“=MID（A2，5，4）”，即可计算出第 1 个记录的专业代码。或单击 C2 单元格，在“插入函数”对话框的“或选择类别”下拉列表框中选择“全部”，在“选择函数”列表框中选择“MID”，单击“确定”按钮，打开 MID“函数参数”对话框，并填入相应的项目，如图 4.18 所示。单击“确定”按钮，即可计算出第 1 个记录的专业代码。向下拖动 D2 填充柄至 D11，可计算出其他记录的专业代码。

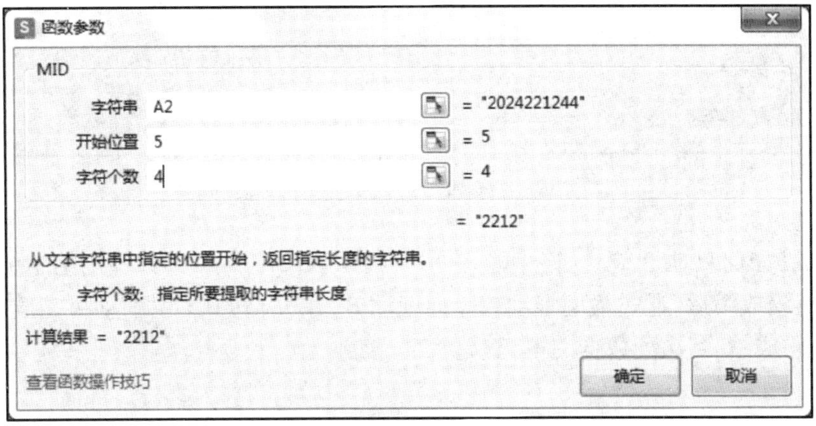

图 4.18　MID“函数参数”对话框

（11）在“期末考试情况”工作簿中，新建工作表“贫困生成绩”。在“贫困生成绩”工作表中，根据姓名：李建国、李静、周新华、夏微、周雨、肖玲，在英语、数学、总成绩、平均成绩、名次列中，使用 VLOOKUP 和 COLUMN 函数完成英语、数学、总成绩、平均成绩、名次的自动填充。

【参考步骤】

在“期末考试情况”工作簿中，按 Shift+F11 键插入工作表，并将该工作表改名为“贫困生成绩”。在“贫困生成绩”工作表中，分别在 A1、B1、C1、D1、E1、F1 单元格中输入“姓名”“英语”“数学”“总成绩”“平均成绩”“名次”，在 A2：A7 单元格区域分别输入“李建国”“李静”“周新华”“夏微”“周雨”“肖玲”。单击 B2 单元格，直接输入“=VLOOKUP(A2，sheet1!$B$2：$K$11，COLUMN(sheet1!G2)-1，FALSE)”，即可计算出第 1 个学生李建国的英语成绩。或单击 B2 单元格，在“插入函数”对话框的“或选择类别”下拉列表框中选择“全部”，在“选择函数”列表框中选择“VLOOKUP”，单击“确定”按钮，打开 VLOOKUP“函数参数”对话框，并填入相应的项目，如图 4.19 所示。单击“确定”按钮，即可计算出第 1 个学生李建国的英语成绩。向下拖动 B2 填充柄至 B11，可计算出其他学生的英语成绩。

同样方法，可完成数学、总成绩、平均成绩、名次列数据的自动填充。注意：COLUMN( )函数中数学、总成绩、平均成绩、名次所在列的列号须发生变化。

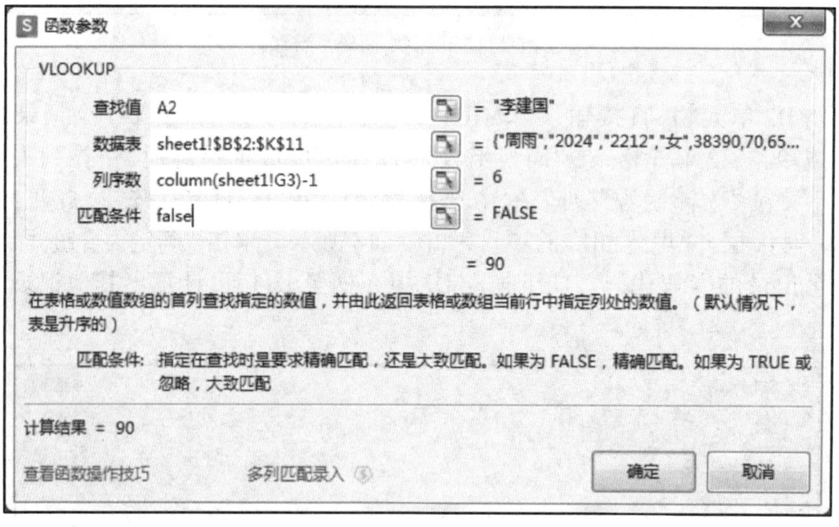

图 4.19　VLOOKUP“函数参数”对话框

思考：如何只在 B2 单元格中输入一次 VLOOKUP( )函数，计算出第 1 个学生李建国的英语成绩后，通过横向拖动或竖向拖动 B2 单元格的填充柄，即可完成数学、总成绩、平均成绩、名次列数据的填充？

4.3 实验三：编辑与格式化工作表

1. 实验目的

（1）掌握单元格数据的编辑修改技巧。

（2）掌握行、列、单元格的插入和删除方法。

（3）掌握工作表的选择、移动、复制、删除、插入及重命名等操作方法。

（4）掌握单元格的格式化设置（数字、字体、对齐方式、图案、底纹、边框等设置）方法。

（5）掌握行高、列宽的设置方法。

（6）掌握条件格式的使用方法。

2. 实验内容

（1）编辑“期末考试情况 .xlsx”工作簿中的工作表。

① 在工作簿中，用两种方法将 sheet1 工作表复制为 sheet1（2）、sheet1（3）；用两种方法分别将 sheet1（2）工作表重命名为“期末考试成绩”，将 sheet1 工作表重命名为“期末考试成绩统计”；删除工作表 sheet1（3）；将工作表“期末考试成绩”移到工作表“期末考试成绩统计”的前面。

② 打开工作表“期末考试成绩统计”，在第 1 行的上面插入 1 行。打开工作表“期末考试成绩”，删除最高分、最低分、优秀人数、合格人数、不合格人数、性别为女的总分及性别为男的总分所在的行，删除总评所在的列。

③ 将 F5 单元格日期改为“2004-11-12”，清除 B6 单元格的批注。

（2）格式化“期末考试情况 .xlsx”工作簿中的“期末考试成绩统计”工作表。

① 在 A1 单元格中输入“期末考试成绩统计”，作为表格的标题，并相对表格居中，字体设为宋体、加粗、字号设为 20、字符颜色为绿色、加“会计用双下划线”，设置填充颜色为黄色。将工作表中的总成绩、平均成绩保留 2 位小数，工作表中的所有数据水平、垂直都居中。

② 将单元格区域（A2：L19）中的所有行高设置为 20 磅、所有列宽设置为 12 字符，将第 1 行的行高设置为最适合的行高。

③ 在 A2：L19 单元格区域设置表格的边框线为所有框线，线条的颜色是黄色。

④ 将 A2：L19 单元格区域用浅蓝色填充。

⑤ 使用条件格式新建规则将英语和数学成绩中小于 60 分的成绩以粗体、红色显示。

3. 实验参考步骤

（1）编辑“期末考试情况.xlsx”工作簿中的工作表。

① 在工作簿中，用两种方法将sheet1工作表复制为sheet1（2）、sheet1（3）；用两种方法分别将sheet1（2）工作表改名为“期末考试成绩”，sheet1工作表改名为“期末考试成绩统计”；删除工作表sheet1（3）；将工作表“期末考试成绩”移到工作表“期末考试成绩统计”的前面。

【参考步骤】

复制工作表的第1种方法：打开“期末考试情况.xlsx”工作簿，将鼠标指针指向sheet1标签，先按下鼠标左键不松手，再按住Ctrl键开始拖动，到目标位置后，先松开鼠标左键，得到工作表sheet1（2）后，再松开Ctrl键即可。

复制工作表的第2种方法：单击“开始”选项卡｜右侧第三组｜“工作表”下拉按钮｜“移动或复制工作表”选项，打开“移动或复制工作表”对话框，如图4.20所示，选中“建立副本”复选框，在“下列选定工作表之前”列表框中选择“（移至最后）”，单击“确定”按钮，即可得到工作表sheet1（3）。

思考：还有几种复制工作表的方法？“建立副本”复选框选中和不选中有什么区别？

工作表重命名的第1种方法：单击sheet1（2）标签，单击“开始”选项卡｜右侧第三组｜“工作表”下拉按钮｜“重命名”选项，则sheet1（2）反白显示，输入“期末考试成绩”后，按Enter键即可。

工作表重命名的第2种方法：右击sheet1标签，从弹出的快捷菜单中选择“重命名”命令，则Sheet1反白显示，输入“期末考试成绩统计”后，单击工作表即可。

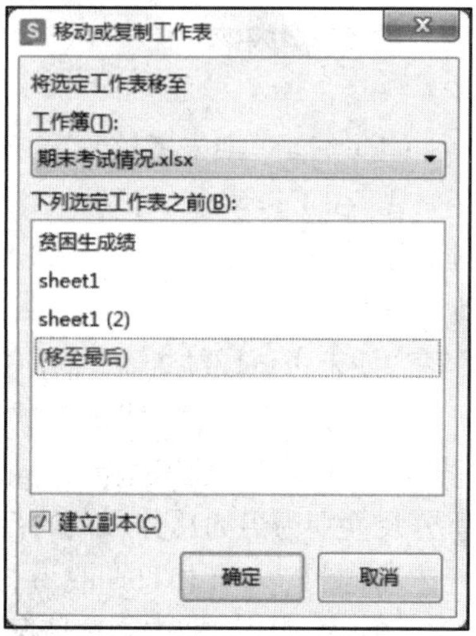

图4.20 “移动或复制工作表”对话框

思考：还有几种重命名工作表的方法？

删除工作表sheet1（3）：右击sheet1（3）标签，从弹出的快捷菜单中选择“删除”命令，即可删除工作表。

移动工作表：将鼠标指针指向“期末考试成绩”标签，然后按住鼠标左键将其拖动到“期末考试成绩统计”标签前面。

② 打开工作表“期末考试成绩统计”，在第1行的上面插入1行。打开工作表“期末考试成绩”，删除最高分、最低分、优秀人数、合格人数、不合格人数、性别为女的总分及性别为男的总分所在的行，删除总评所在的列。

【参考步骤】

单击“期末考试成绩统计”标签，以选择“期末考试成绩统计”工作表；单击第1行的行标，以选中第1行；然后单击“开始”选项卡｜右侧第三组｜“行和列”下拉按钮｜“插入单元格”｜“在上方插入行”选项，即可在第1行的上面插入1行。

选择“期末考试成绩”工作表，在行标位置，用拖动鼠标的方法，选择最高分、最低分、优秀人数、合格人数、不合格人数、性别为女的总分、性别为男的总分所在的行，然后单击“开始”选项卡｜右侧第三组｜“行和列”下拉按钮｜“删除单元格”｜“删除行”选项，即可删除这几行。

单击总评所在列的列标，以选中总评所在的列，然后单击“开始”选项卡｜右侧第三组｜“行和列”下拉按钮｜“删除单元格”｜“删除列”选项，即可删除这1列。

③ 将F5单元格日期改为“2004-11-12”，清除B6单元格的批注。

【参考步骤】

双击F5单元格，将插入点移动到相应位置，进行插入或删除字符。也可单击F5单元格，在编辑栏中修改单元格的内容。

单击选中B6单元格；单击“审阅”选项卡｜左侧第二组｜“删除批注”按钮，即可清除B6单元格批注。或右击B6单元格，从弹出的快捷菜单中选择“删除批注”命令。

（2）格式化“期末考试情况.xlsx”工作簿中的“期末考试成绩统计”工作表。

① 在A1单元格中输入“期末考试成绩统计”，作为表格的标题，并相对表格居中，字体设为宋体、加粗、字号设为20、字符颜色为绿色、加“会计用双下划线”，设置填充颜色为黄色。将工作表中的总成绩、平均成绩保留2位小数，工作表中的所有数据水平、垂直都居中。

【参考步骤】

单击“期末考试成绩统计”标签，以选择“期末考试成绩统计”工作表；单击A1单元格，输入“期末考试成绩统计”后，按Enter键结束输入；从A1单元格开始拖动到L1单元格，以选中A1：L1区域，单击“开始”选项卡｜左侧第三组｜“合并及居中”切换按钮，即可将标题相对表格居中。

单击“开始”选项卡｜左侧第二、三或四组右下角的对话框启动器按钮，皆可打开“单元格格式”对话框，如图4.21所示。

选择“字体”选项卡，从中设置字体为宋体、粗体、字号设为20、字符颜色为绿色、加“会计用双下划线”后，单击“确定”按钮。

单击“开始”选项卡｜左侧第二组｜“填充颜色”下拉按钮，从下拉列表中选择“黄色”色块，即可将A1单元格填充成黄色。

用鼠标拖动的方法，选中I3：J12区域，然后选择“单元格格式”对话框中的“数字”选项卡，从“分类”列表框中选择“数值”，在“小数位数”文本框中输入2，单击“确定”按钮，即可设置小数位数为2。

单击工作表左上角行号和列标交叉的“全选”按钮，以选中整个工作表；然后选择“单元格格式”对话框中的“对齐”选项卡，在“文本对齐方式”选项区域，从“水平对齐”“垂直对齐”下拉列表框中都选择“居中”选项，然后单击“确定”按钮即可。

图 4.21 “单元格格式”对话框

② 将单元格区域 A2:L19 中的所有行高设置为 20 磅、所有列宽设置为 12 字符，将第 1 行的行高设置为最适合的行高。

【参考步骤】

选定 A2:L19 单元格区域，单击“开始”选项卡｜左侧第五组｜“行和列”下拉按钮｜“行高”选项，从打开的“行高”对话框中设置行高为 20 磅，如图 4.22 所示；单击“开始”选项卡｜左侧第五组｜“行和列”下拉按钮｜“列宽”选项，从打开的“列宽”对话框中设置列宽为 12 字符，如图 4.23 所示。

单击第 1 行的行标，以选中第 1 行，单击“开始”选项卡｜左侧第五组｜“行和列”下拉按钮｜“最适合的行高”选项，即可根据表格内容自动调整最适合的行高。

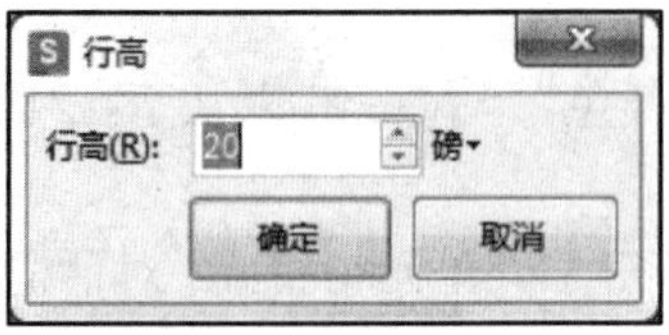

图 4.22 “行高”对话框

图 4.23 “列宽”对话框

③ 在 A2:L19 单元格区域设置表格的边框线为所有框线，线条的颜色是黄色。

【参考步骤】

选中 A2:L19 单元格区域，选择“单元格格式”对话框中的“边框”选项卡，首先单击“颜色”下拉按钮，在出现的色块列表框中选择“黄色”色块，然后在“预置”选项区域选择“外边框”“内部”选项,单击“确定”按钮即可。注意:必须先设置颜色,再设置框线。

④ 将 A2:L19 单元格区域用浅蓝色填充。

【参考步骤】

选中 A2:L19 单元格区域,选择“单元格格式”对话框中的“图案”选项卡,从“颜色”色块列表中,选择蓝色色块,单击“确定”按钮即可。

⑤ 使用条件格式新建规则将英语和数学成绩中小于 60 分的成绩以粗体、红色显示。

【参考步骤】

选中 G3:H12 单元格区域,单击“开始”选项卡 | 右侧第二组 |“条件格式”按钮 |“新建规则”选项,打开“新建格式规则”对话框,如图 4.24 所示。

在“选择规则类型”选项区域,选择“只为包含以下内容的单元格设置格式”选项;在“编辑规则说明”选项区域,在“只为满足以下条件的单元格设置格式”下的下拉列表框中,分别设置“单元格值”“小于”“60”,然后单击“格式”按钮,打开“格式”对话框,在其中按题目要求设置字体和颜色。

图 4.24 “新建格式规则”对话框

4.4 实验四:数据管理与图表

1. 实验目的

(1) 掌握数据的排序、筛选和分类汇总方法。

(2) 掌握图表的制作、编辑和格式设置方法。

(3) 掌握迷你图的创建与编辑方法。

2. 实验内容

（1）对“期末考试情况 .xlsx”工作簿中的“期末考试成绩”工作表进行数据库管理操作。

① 按名次升序排列。

② 进行自动筛选，筛选出总成绩大于或等于 80 的记录。

③ 分类汇总：按性别计算英语的平均分、数学的平均分、总成绩的平均分，汇总结果显示在数据下方。查看汇总结果完毕后，撤销分类汇总。

（2）对“期末考试情况 .xlsx”工作簿中的“期末考试成绩”工作表建立图表并编辑。

① 将总成绩前四名的记录，创建二维簇状柱形图，图表设计布局为“布局 9”，图表标题为“期末考试成绩”，纵向轴标题为成绩，横向轴标题为姓名，图表大小高度为 8 厘米、宽度为 13 厘米，图表格式设置为巧克力黄，着色 6，如图 4.25 所示。

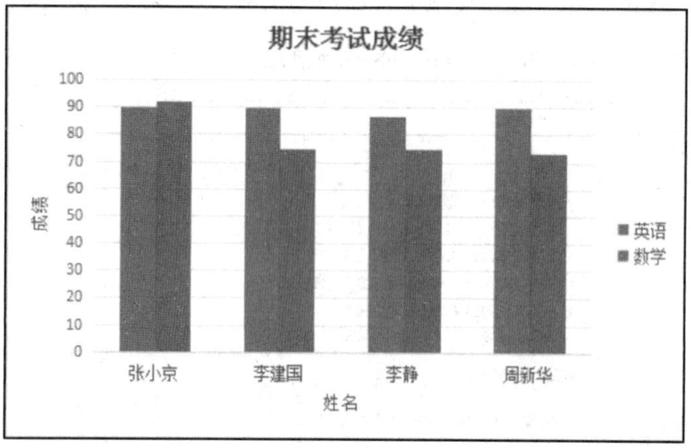

图 4.25　图表示例

② 增加数据系列总成绩。

③ 将数据系列数学的填充色改为红色、英语的填充色改为绿色、总成绩的填充色改为黄色。

④ 将纵向坐标轴即数值轴的主要刻度改为 20，标题设为竖排。

⑤ 通过对图表的标题、图例、坐标轴、网格线、数据系列等格式设置，以使图表美观大方。

（3）在 G12 单元格中插入折线图迷你图，并向右填充 H12:K12 单元格区域。突出显示所有数据标记，并将标记颜色设置为红色。

3. 实验参考步骤

（1）对“期末考试情况 .xlsx”工作簿中的“期末考试成绩”工作表进行数据库管理操作。

① 按名次升序排列。

【参考步骤】

单击名次列任何一个数据单元格,然后单击“数据”选项卡｜左侧第二组｜“排序”下拉按钮｜“升序”选项,或单击“开始”选项卡｜右侧第一组｜“排序”下拉按钮｜“升序”选项,皆可将名次按升序排列。

② 进行自动筛选,选出总成绩大于或等于 80 的记录。

【参考步骤】

单击总成绩列任何一个数据单元格,单击“数据”选项卡｜左侧第二组｜“筛选”切换按钮,或单击“开始”选项卡｜右侧第一组｜“筛选”切换按钮,工作表的列标题(字段名)右侧均出现一个下拉箭头。

单击列标题“总成绩”右侧的下拉箭头,从出现的下拉列表框中选择“数字筛选”｜“大于或等于”或“自定义筛选”选项,打开“自定义自动筛选方式”对话框,如图 4.26 所示。在“总成绩”选项区域分别设置“大于或等于”“80”,单击“确定”按钮,即可筛选出总成绩大于或等于 80 的记录。

再次单击“数据”选项卡｜左侧第二组｜“筛选”切换按钮,或单击“开始”选项卡｜右侧第一组｜“筛选”切换按钮,即可取消本次筛选。

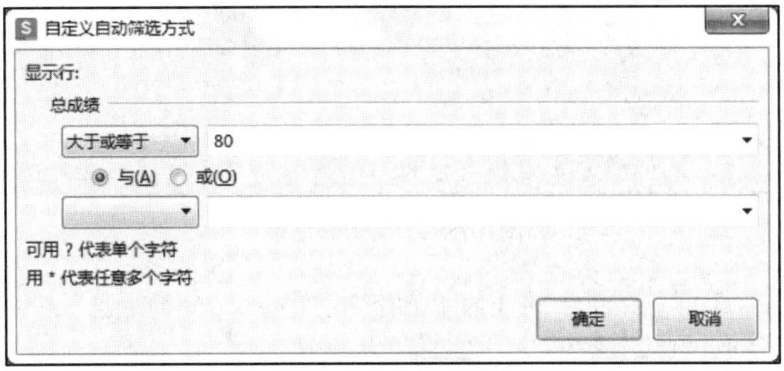

图 4.26　“自定义自动筛选方式”对话框

③ 分类汇总:按性别计算英语的平均分、数学的平均分、总成绩的平均分,汇总结果显示在数据下方。查看汇总结果完毕后,撤销分类汇总。

【参考步骤】

首先将数据清单按“性别”进行排序(升序或降序皆可)。方法如下:首先选中 E 列任一数据单元格,然后单击“数据”选项卡｜左侧第二组｜“排序”按钮,或单击“开始”选项卡｜右侧第一组｜“排序”按钮,皆可完成排序;也可单击“数据”选项卡｜左侧第二组｜“排序”下拉按钮｜“自定义排序”选项,或单击“开始”选项卡｜右侧第一组｜“排序”下拉按钮｜“自定义排序”选项,打开“排序”对话框进行排序。

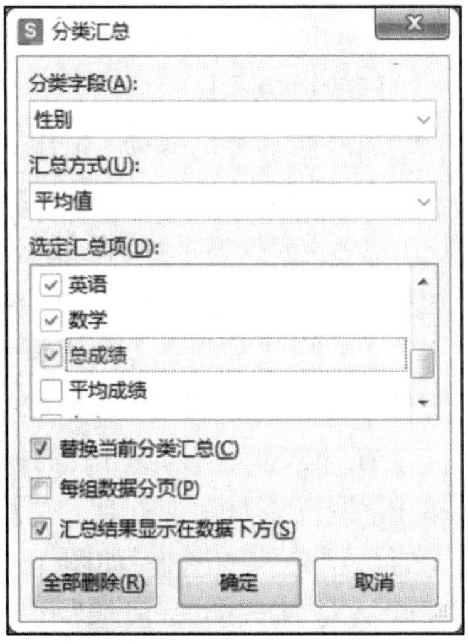

图 4.27　“分类汇总”对话框

然后单击“数据”选项卡｜左侧第四组｜“分类汇总”按钮,打开“分类汇总”对话框,如图 4.27

所示。在“分类字段”下拉列表框中选择“性别”，在“汇总方式”下拉列表框中选择“平均值”，在“选定汇总项”列表框中选中“英语”“数学”“总成绩”复选框，勾选“替换当前分类汇总”“汇总结果显示在数据下方”复选框，单击“确定”按钮，即可建立分类汇总表，汇总结果如图 4.28 所示。

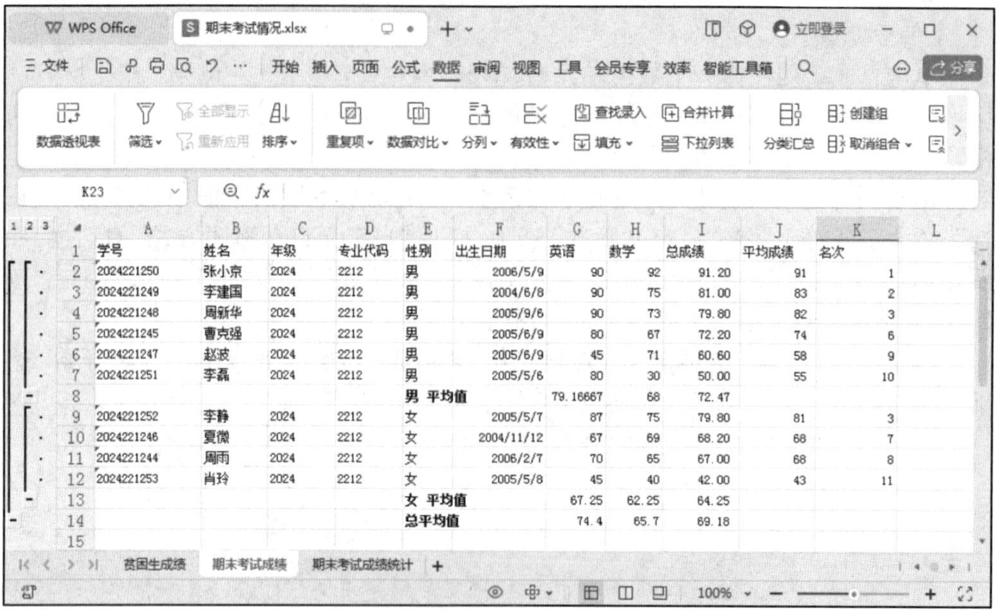

图 4.28　分类汇总结果

将插入点置于汇总结果中的任何单元格，再次打开“分类汇总”对话框，单击“全部删除”按钮，即可删除分类汇总结果，将数据清单还原。

（2）对“期末考试情况 .xlsx”工作簿中的“期末考试成绩”工作表建立图表并编辑。

① 将总成绩前四名的记录，创建二维簇状柱形图，图表设计布局为“布局 9”，图表标题为期末考试成绩，纵向轴标题为成绩，横向轴标题为姓名，图表大小高度为 8 厘米、宽度为 13 厘米，图表格式设置为巧克力黄，着色 6，如图 4.25 所示。

【参考步骤】

在“期末考试成绩”工作表中，先按总成绩降序排序。

然后，选择 B1：B5 和 G1：H5 单元格区域（先选中 B1：B5 单元格区域，然后按住 Ctrl 键，再选择 G1：H5 区域），单击“插入”选项卡｜左侧第三组｜“插入柱形图”按钮 ，弹出“簇状柱形图”列表框，如图 4.29 所示。

在“簇状柱形图”列表框中选择系统嵌入的图表类型，即可在“期末考试成绩”工作表中插入一图表，如图 4.30 所示。

在插入簇状柱形图表的同时，功能区出现“图表工具”选项卡，如图 4.31 所示。单击“图表工具”选项卡｜左侧第一组｜“快速布局”按钮｜“布局 9”选项，图表变成“布局 9”格式的图表，如图 4.32 所示。单击“图表标题”文本框，将插入点置于此处，在此输入“期末考试成绩”作为图表标题。在纵向坐标轴和横向坐标轴的“坐标轴标题”文本框中分别输入“成绩”“姓名”。

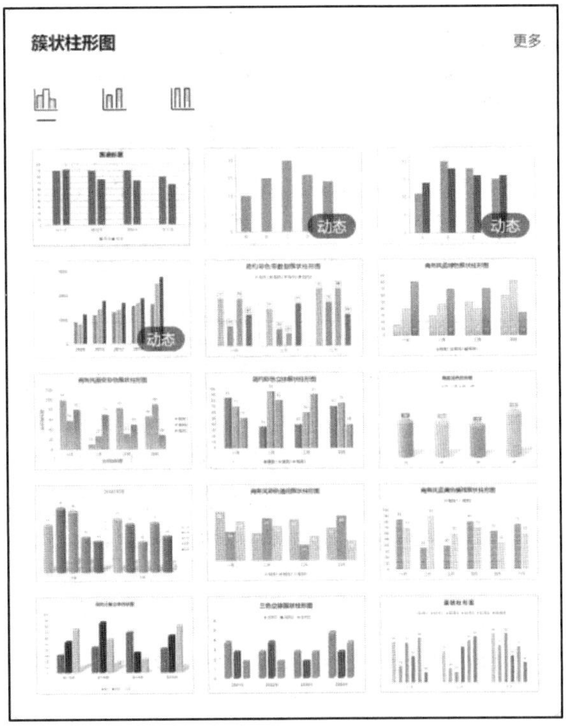

图 4.29 “簇状柱形图”列表框

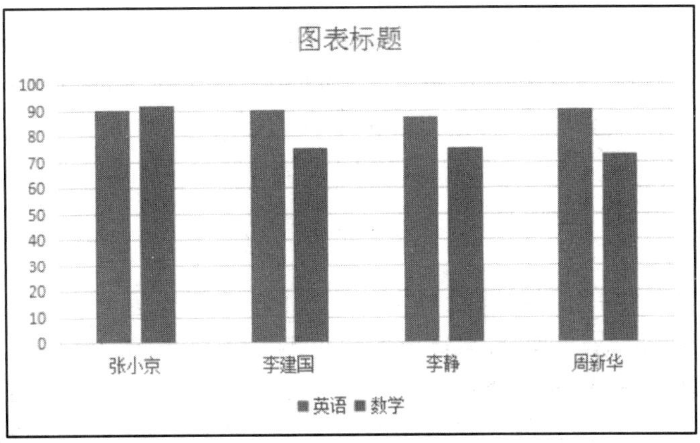

图 4.30 簇状柱形图表示例

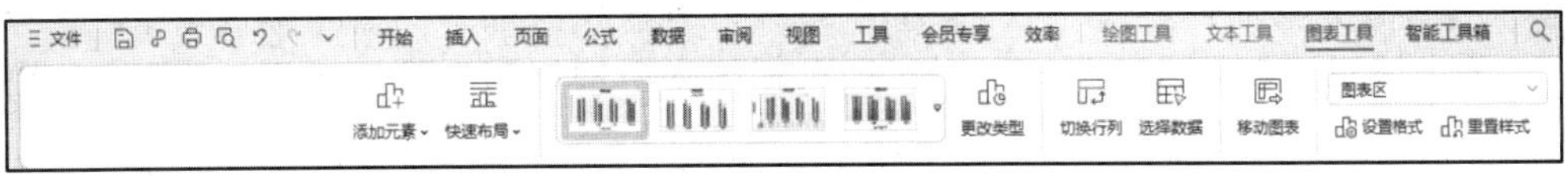

图 4.31 “图表工具”选项卡

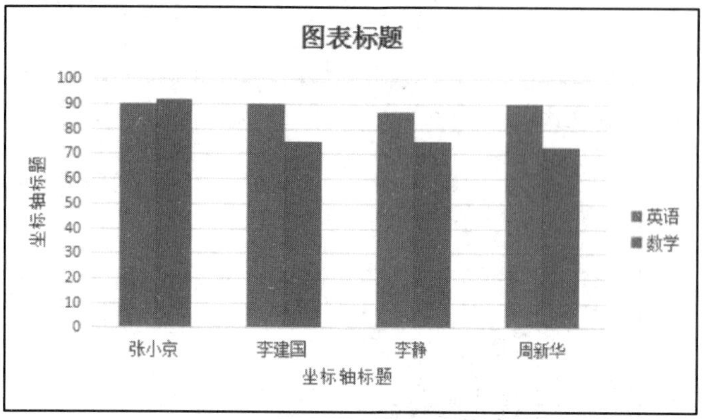

图 4.32 “布局 9” 格式的图表示例

添加图表标题和坐标轴标题还可以用以下方法。

单击要添加图表标题的图表的任意位置，以选中图表，同时在功能区出现“图表工具”选项卡，单击“图表工具”选项卡｜左侧第一组｜“添加元素”按钮｜“图表标题”｜“图表上方”选项，即可在图表上方出现一“图表标题”文本框，在此文本框中输入图表标题“期末考试成绩”。

单击“图表工具”选项卡｜左侧第一组｜“添加元素”按钮｜“轴标题”｜“主要横向坐标轴”选项，即可在横向坐标轴下方出现“坐标轴标题”文本框，在此输入横向坐标轴标题“姓名”。

单击“图表工具”选项卡｜左侧第一组｜“添加元素”按钮｜“轴标题”｜“主要纵向坐标轴”选项，即可在纵向坐标轴左侧出现“坐标轴标题”文本框，在此输入纵向坐标轴标题“成绩”。

单击选中图表，在图表“属性”窗格中，单击“图表选项”｜“大小与属性”选项，在“大小”选项区域的“高度”和“宽度”文本框中分别输入 8 cm 和 13 cm。单击“图表选项”｜“填充与线条”选项，在“线条”选项区域，选中“实线”单选按钮，在“颜色”下拉列表框中，选择“巧克力黄，着色 6”。

② 增加数据系列“总成绩”。

【参考步骤】

先选中图表，再单击“图表工具”选项卡｜左侧第三组｜“选择数据”按钮，打开“编辑数据源”对话框，如图 4.33 所示。单击“添加”按钮 ⊞，打开“编辑数据系列”对话框，如图 4.34 所示。将插入点置于“系列名称”文本框中，单击工作表 I1 单元格；将插入点置于“系列值”文本框中，并清空文本框，用鼠标拖动的方法，在工作表中选定 I2∶I5 单元格区域，此时，该对话框的文本框就输入了数据，如图 4.35 所示。单击该对话框中的“确定”按钮，返回到“编辑数据源”对话框，将会发现“编辑数据源”对话框中“图例项（系列）”区域的“系列”列表中添加了“总成绩”，如图 4.36 所示，单击该对话框中的“确定”按钮，即可在图表中增加新的数据系列“总成绩”，如图 4.37 所示。

若要删除数据系列，可在图表上单击要删除的数据系列柱形图，以选中要删除的柱形图，然后按 Delete 键。

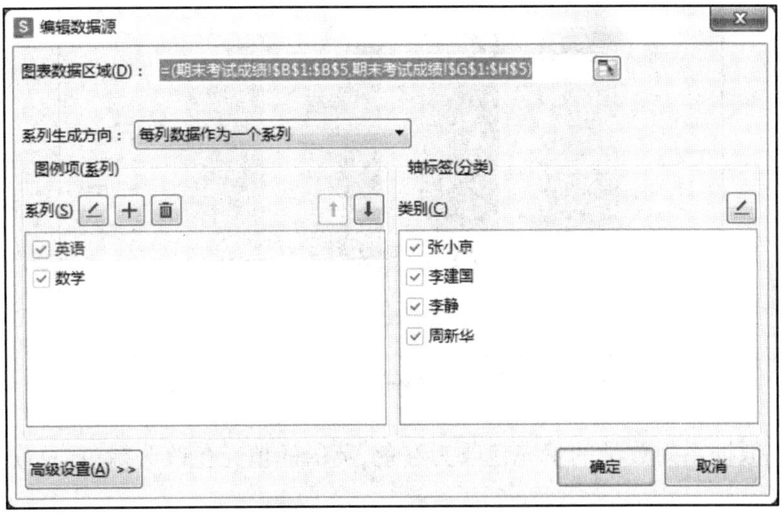

图 4.33 “编辑数据源”对话框

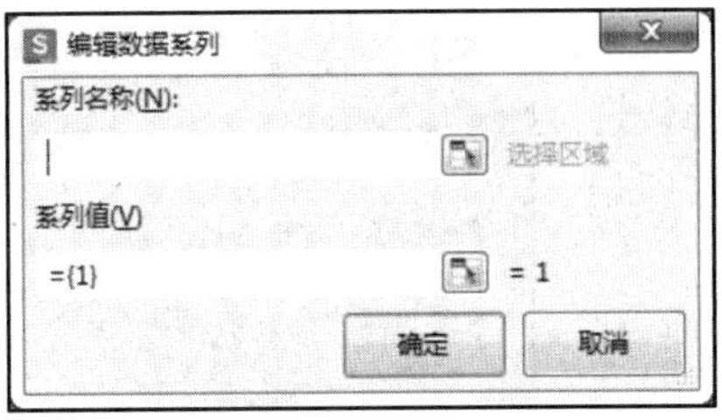

图 4.34 “编辑数据系列”对话框

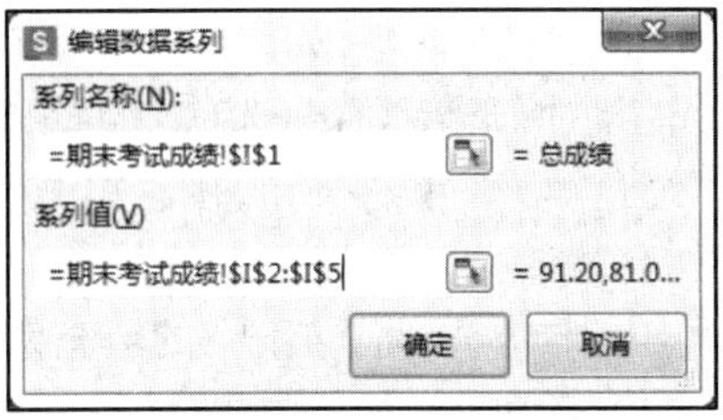

图 4.35 输入系列名称和系列值

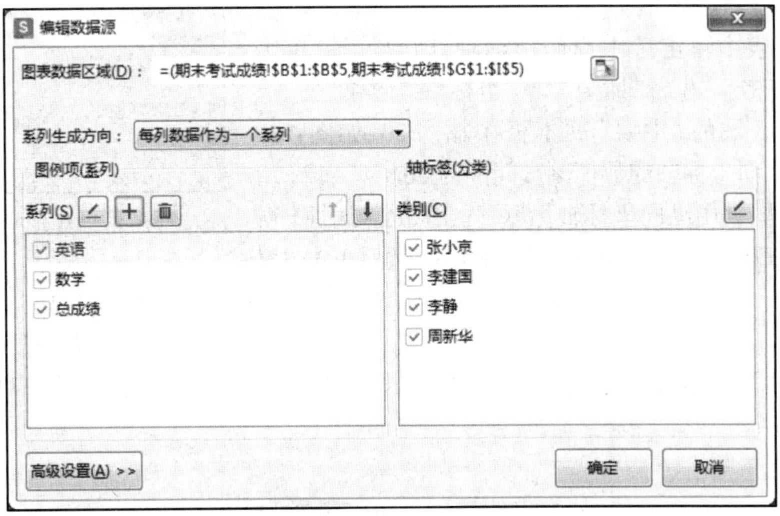

图 4.36 添加数据系列“总成绩”

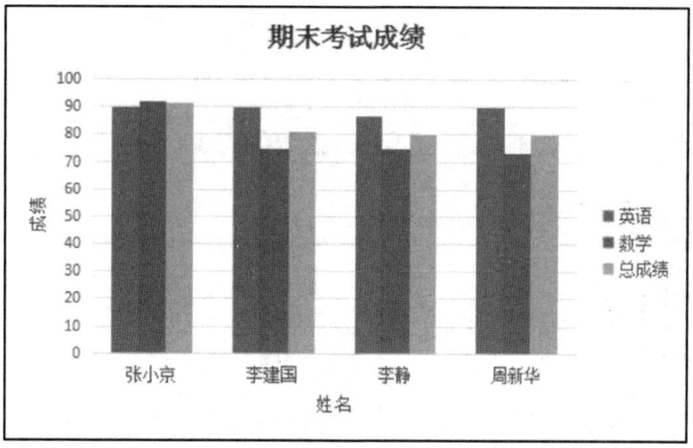

图 4.37　增加“总成绩”数据系列后的图表示例

③ 将数据系列数学的填充色改为红色、英语的填充色改为绿色、总成绩的填充色改为黄色。

【参考步骤】

单击选中图表，选中图表区的“数学”数据系列，右击“数学”数据系列，从弹出的快捷菜单中选择“设置数据系列格式”命令，弹出数据系列“属性”窗格，如图 4.38 所示。在“属性”窗格中，单击“填充与线条”选项，在“填充”选项区域，选中“纯色填充”单选按钮，接着单击“颜色”下拉列表框中的“红色”色块即可。

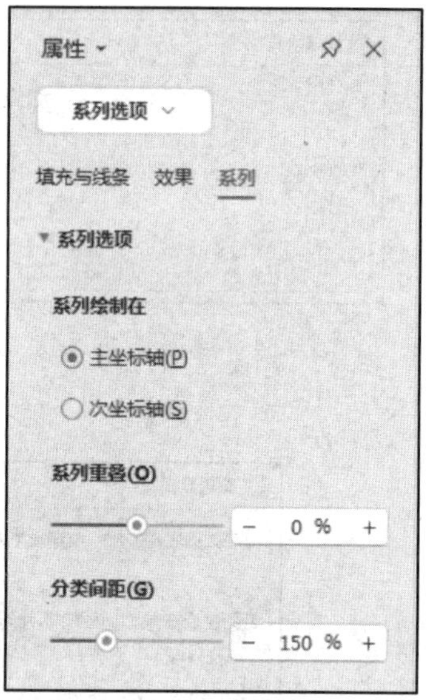

图 4.38　数据系列“属性”窗格

用同样方法，将“英语”的填充色改为绿色、“总成绩”的填充色改为黄色。

④ 将纵向坐标轴即数值轴的主要刻度改为 20，标题设为竖排。

【参考步骤】

在图表中单击选中纵向坐标轴，即数值轴，单击“属性”窗格｜“坐标轴选项”｜“坐标轴”选项，在“单位”选项区域的“主要”文本框中输入 20，如图 4.39 所示，则纵向坐标轴的数值刻度间隔为 20。

双击图表中纵向坐标轴标题，弹出图表“属性”窗格，在图表中单击选中纵向坐标轴标题，然后单击“属性”窗格｜“文本选项”｜“文本框”选项，在“文字方向”下拉列表框中选择“竖排（从左向右）”选项，则将纵向坐标轴标题“成绩”设为竖排，效果如图 4.40 所示。

⑤ 通过对图表的标题、图例、坐标轴、网格线、数据系列等格式设置，以使图表美观大方。

【参考步骤】

右击要设置的对象，从弹出的快捷菜单中选择“设置……格式”命令，弹出相应格式设置窗格，在窗格中做相应设置。

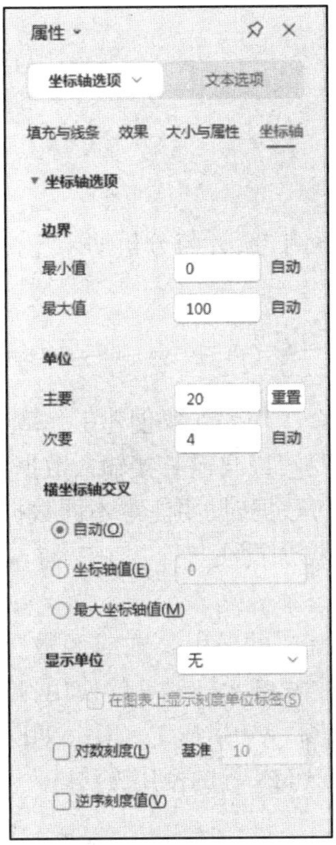

图 4.39　改变数值轴主要刻度窗格

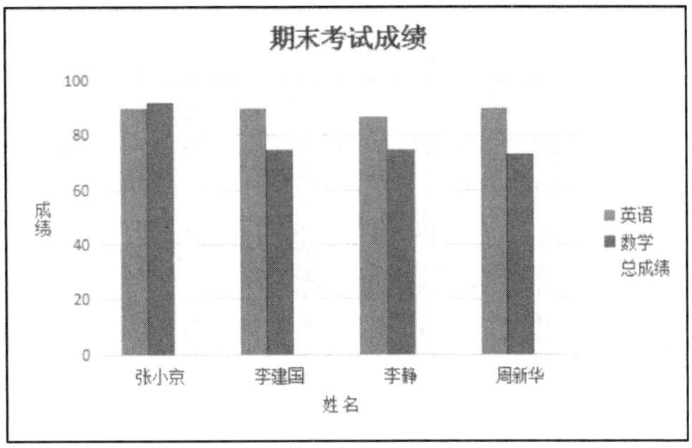

图 4.40　将数值轴的主要刻度改为 20、标题设为竖排的图表示例

（3）在 G12 单元格中插入折线图迷你图，并向右填充 H12∶K12 单元格区域。突出显示所有数据标记，并将标记颜色设置为红色。

【参考步骤】

单击 G12 单元格，单击“插入”选项卡｜右侧第四组｜“迷你图”下拉按钮｜“折线”选项，打开“创建迷你图”对话框，如图 4.41 所示。在“数据范围”文本框中输入包含迷你图所覆盖的数据单元格区域 G2∶G11，单击“确定”按钮，关闭该对话框，迷你图即插入到 G12 单元格中。

向右拖动 G12 单击格填充柄至 K12，即可将迷你图向右填充 H12∶K12 单元格区域。

单击 G12 单元格，勾选“迷你图工具”选项卡｜左侧第三组｜“标记”复选框，即可将迷你图突出显示所有数据标记。

单击“迷你图工具”选项卡｜右侧第二组｜“标记颜色”｜“标记”｜“标准色”区域｜“红色”色块，即可将标记颜色设置为红色。

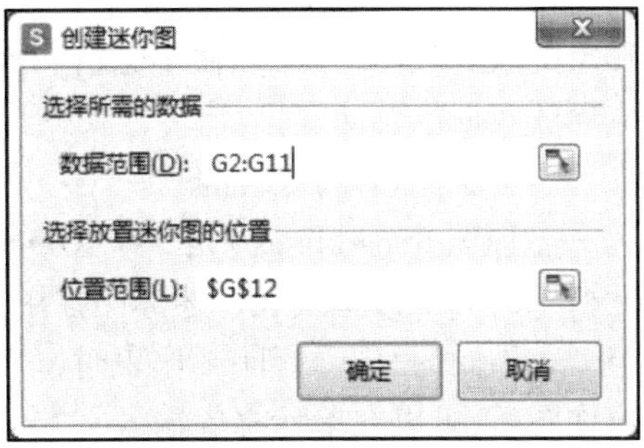

图 4.41　“创建迷你图”对话框

本章实验小结

本章共给出了 4 个实验，通过完成这 4 个实验，本章案例“统计与分析期末考试情况”就完成了。

完成案例“统计与分析期末考试情况”的大体步骤如下：

（1）创建工作簿。

工作簿是由工作表组成的，每个工作簿都可以包含多个工作表。要创建工作簿，就要创建一个个工作表。而工作表的创建有两种方法：一是可以自己直接输入数据，二是可以从其他工作簿中复制或移动现成的工作表。输入数据时，要注意不同数据的输入方法和快速输入数据的技巧。可以对一些特殊的数据加批注。

（2）数据计算。

数据计算是 WPS Office 电子表格处理软件的优势所在，可采用公式或函数自动处理，具有较强的数据统计分析能力。输入公式时，要注意单元格地址的使用，特别是相对引用和绝对引用的用法。要掌握常用函数 SUM、AVERAGE、COUNTIF、SUMIF、MAX、MIN、IF、RANK、LEFT、MID、VLOOKUP、COLUMN 等的使用方法。

（3）编辑工作表。

一个工作簿包含多个工作表，根据需要可以对工作表进行添加、删除、复制、切换和重命名等操作。在工作表中可以插入和删除行、列和单元格，可以修改、删除、复制和移动单元格中的数据。

（4）格式化工作表。

通过格式化工作表，可以对工作表内的数据及外观进行修饰。通过“单元格格式”对话框，可以进行数字显示格式设置，文字的字形、字体、字号和对齐方式的设置，表格边框、底纹、图案颜色设置等。

（5）数据库管理。

在 WPS Office 电子表格中，可以实现数据的排序、筛选、分类汇总、统计和查询等数据库的一些操作，得到一些有价值的信息，从而有利于决策的制定。

（6）制作和编辑图表。

使用 WPS Office 电子表格的图表功能，可以根据工作表中的数据得到更加直观、形象的数据表示形式，以便于分析和比较。当工作表中的数据发生变化时，图表中对应项的数据也自动变化。

（7）制作和编辑迷你图。

迷你图（Sparklines）是 WPS Office 电子表格中的一个新增功能，它是嵌入在单元格中的一个微型图表。迷你图占用空间少，可以直观地反映数据系列的变化趋势。与图表不同的是，当打印工作表时，单元格中的迷你图会与数据一起进行打印。创建迷你图后，可以在单元格中输入文本信息并使用迷你图作为背景，还可以根据需要对迷你图进行自定义，如高亮显示最大值和最小值、调整迷你图颜色等。

应 用 练 习

一、基础练习

1. 打开第 4 章素材中的“练习 1.xlsx”并按如下要求操作：

（1）将第一行内容作为表格标题居中，字体设置成隶书，20 磅大小。

（2）用公式计算应发工资和实发工资，为“应发工资（岗位工资 + 薪级工资 + 岗位津贴 + 住房补贴 + 其他补贴）”“实发工资（应发工资 – 扣税金 – 扣考勤 – 扣其他）”列填充数据。

（3）按岗位工资降序排序，岗位工资相同时再按薪级工资降序排序。

（4）给单元格区域（A2:L12）中的所有单元格加上细边框线。

（5）将岗位工资为 960 的“序号”和“姓名”列中的颜色改为红色。

（6）将工作表 sheet1 改名为“工资表”。

2. 打开第 4 章素材中的“练习 2.xlsx”并按如下要求操作：

（1）在论文列前插入一列，名称为“收录论文”，数据为“4，6，5，8，3，7”，并将收录数量小于 5 的数据设置为绿色。

（2）将第 1 行作为表格标题居中，字体设为宋体，18 磅，粗体。

（3）使用 SUM 函数计算“总计”行。

（4）给单元格区域（A2:E9）中的所有单元格加上细边框线。

（5）删除工作表 sheet3，并将工作表 sheet1 命名为“科研表”。

（6）将单元格区域（A2:E9）中所有行高设置为 20，所有列宽设置为 12，其中的数据水平垂直都居中。

3. 打开第 4 章素材中的“练习 3.xlsx”并按如下要求操作：

（1）将 sheet1 中的第 21 行前四个单元格合并，并输入内容“各科平均成绩”，且在合并后的单元格内居中对齐。

（2）使用 AVERAGE 函数，计算每门课的平均分。

（3）将表格标题设置成黑体、16 磅大小，颜色为红色。

（4）将“专业”列的列宽设置为 10。

（5）先使用条件格式，对学生的每门课中小于 60 分的成绩以粗体、红色显示，然后将有两门课小于 60 分的同学的姓名设置为黑体、红色。

（6）将工作表 sheet1 改名为“课程平均成绩排序表”。

4. 打开第 4 章素材中的“练习 4.xlsx”并按如下要求操作：

（1）使用公式求出 sheet1 表中每个月的合计数并填入相应单元格中。

（2）求出 sheet1 表中每个国家的月平均失业人数（小数取 3 位）填入相应单元格中（合计列不求）。

（3）将 sheet1 表中每个月的所有信息按合计数升序排列并将合计数最低的前三

个月区域用绿色填充色填充。

（4）将 sheet1 表的 A3：L16 区域加上细边框线。

（5）将第 2 行到第 16 行的行高设置为最适合的行高。

（6）将工作表 sheet1 改名为“失业人口统计表”。

二、综合应用

1. 统计与分析某家电商场一个月的销售情况。

（1）包含知识点：输入数据、数据计算、常用函数的使用、数据排序、分类汇总、图表、表格的格式设置等。

（2）要求统计出每位售货员一个月的销售总额，每类家电每位售货员的销售总额，按售货员的销售总额排名次，以图表的形式统计出销售总额前五名的售货员的销售总额。

2. 统计与分析某单位一个月的工资表。

（1）包含知识点：数据输入、自动填充、插入批注、工作表的编辑和格式化、公式与函数、排序、筛选等。

（2）要求有职务的销售人员要加以标注，按工资总额降序排序，筛选出女职工的工资情况。

第 5 章　演示文稿高级应用

5.1　实验一：演示文稿的创建与保存

1. 实验目的

（1）掌握创建演示文稿的几种方法。

（2）掌握用各种幻灯片版式制作幻灯片的方法。

（3）掌握在幻灯片中插入图片、文本框、艺术字、声音、影片等各种对象及其编辑的方法。

（4）掌握 WPS Office 演示的 4 种视图查看方式。

2. 实验内容

（1）创建演示文稿。

① 使用主题创建演示文稿。

② 以“企业介绍 .pptx”命名保存。

（2）制作 4 张幻灯片。

① 制作第 1 张幻灯片，即标题幻灯片，如图 5.1 所示。采用“标题幻灯片”版式，标题为“泰华海洋食品股份有限公司”，副标题为“——海味鲜”。

② 在标题幻灯片中插入音频文件“第 5 章素材 \index3.mp3”，在幻灯片放映时，自动、循环播放，隐藏音频图标。

③ 制作第 2 张幻灯片，如图 5.2 所示。采用“标题和内容”版式，标题为“内容简介”，文本为“泰华简介、公司的成长、产品介绍、公司的资质、公司的未来”。

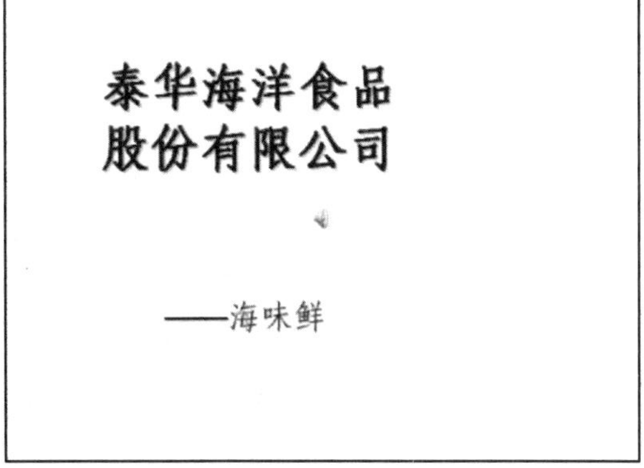

图 5.1　标题幻灯片

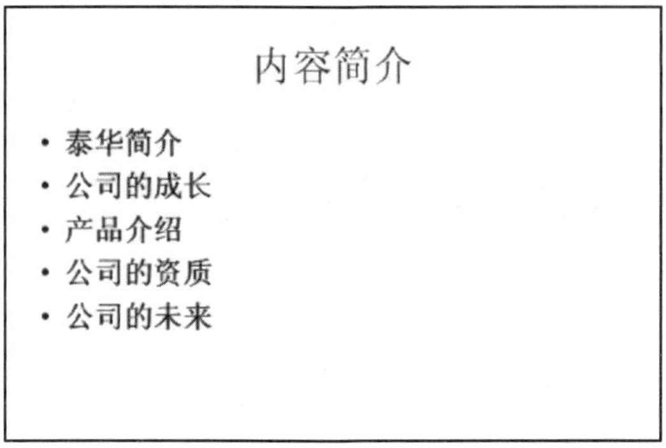

图 5.2 “内容简介”幻灯片

④ 制作第 3 张幻灯片，如图 5.3 所示。采用“空白”版式。利用“开始”选项卡 | 右侧第二组中的“形状”工具绘制图中的各种图形。插入艺术字作为幻灯片标题，艺术字内容为“产品用途”，加粗、字号为 44。

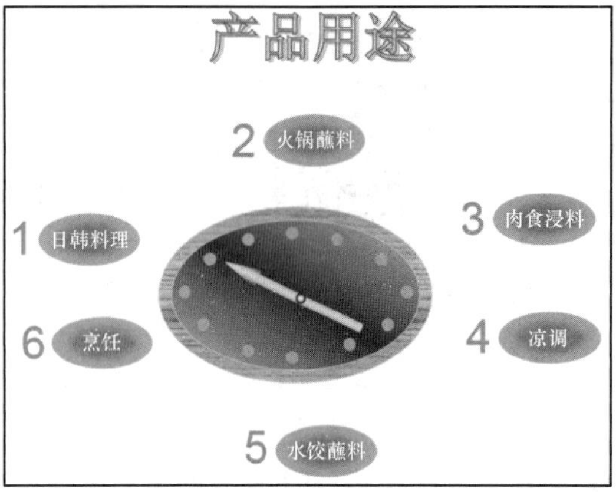

图 5.3 “产品用途”幻灯片

⑤ 制作第 4 张幻灯片，如图 5.4 所示。采用“标题和内容”版式，插入视频文件“第 5 章素材 \ 更衣程序 .mpg”，幻灯片放映时自动播放。标题为“严格的卫生管理”，文本为“更衣程序”。

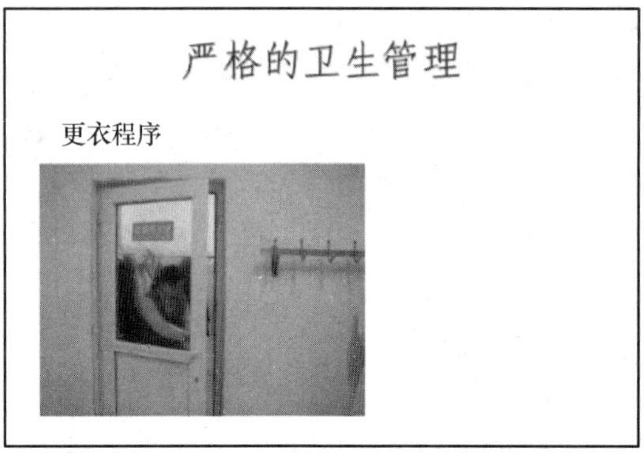

图 5.4 “严格的卫生管理”幻灯片

（3）使用各种视图方式浏览文稿，观察页面变化。

3. 实验参考步骤

（1）创建演示文稿。

① 使用主题创建演示文稿。

【参考步骤】

启动 WPS Office 时，单击 WPS Office 首页左侧主导航的"＋ 新建"按钮（或标题栏的加号按钮 ＋），弹出"新建"窗格，单击"Office 文档"区域的"演示"按钮，接着在弹出的"新建演示文稿"窗格中，单击"空白演示文稿"按钮，系统将自动创建一个文件名为"演示文稿 1.pptx"的空白演示文稿。然后从"设计"选项卡的左侧第一组中，浏览并选择所需主题，单击所需主题，即可将所选主题应用于当前演示文稿中。

思考：还有几种方法创建演示文稿，哪种方法最快捷？

用户也可以自己根据主题创建一个演示文稿。单击"文件"|"新建"选项，在打开的"新建演示文稿"窗格中提供了一系列创建演示文稿的方法，如图 5.5 所示。选择需要的主题，然后单击"使用"按钮，即可将选中的主题应用于新建演示文稿。

② 以"企业介绍 .pptx"命名保存。

图 5.5 "新建演示文稿"窗格

【参考步骤】

此处保存的文稿是新建的，所以选择“文件”|“保存”或者“另存为”命令（或单击快速访问工具栏中的“保存”按钮），打开“另存为”对话框。在此对话框中的“文件名”文本框中输入“企业介绍”，“保存类型”下拉列表框中选择“Microsoft PowerPoint 文件（*.pptx）”（默认），其他选项自行设置，然后单击“保存”按钮即可。

（2）制作 4 张幻灯片。

① 制作第 1 张幻灯片，即标题幻灯片，如图 5.1 所示。采用“标题幻灯片”版式，标题为“泰华海洋食品股份有限公司”，副标题为“——海味鲜”。

【参考步骤】

新建演示文稿的第 1 张幻灯片的版式一般是“标题幻灯片”版式。如果当前幻灯片版式不是“标题幻灯片”版式，可单击“开始”选项卡|左侧第三组|“版式”下拉按钮，从弹出的下拉列表框中选择“标题幻灯片”版式。

在“标题幻灯片”版式幻灯片中，单击“空白演示”占位符，此时插入点就出现在方框中了，在插入点处输入“泰华海洋食品股份有限公司”。单击“单击此处输入副标题”占位符，在插入点处输入“——海味鲜”。标题输入完毕，单击两个占位符之外的任意位置即可。

② 在标题幻灯片中插入音频文件“第 5 章素材 \index3.mp3”，在幻灯片放映时，自动、循环播放，隐藏音频图标。

【参考步骤】

单击“插入”选项卡|左侧第五组|“音频”下拉按钮|“嵌入音频”选项，打开“插入音频”对话框，如图 5.6 所示。在列表框中找到并双击要插入的音频文件

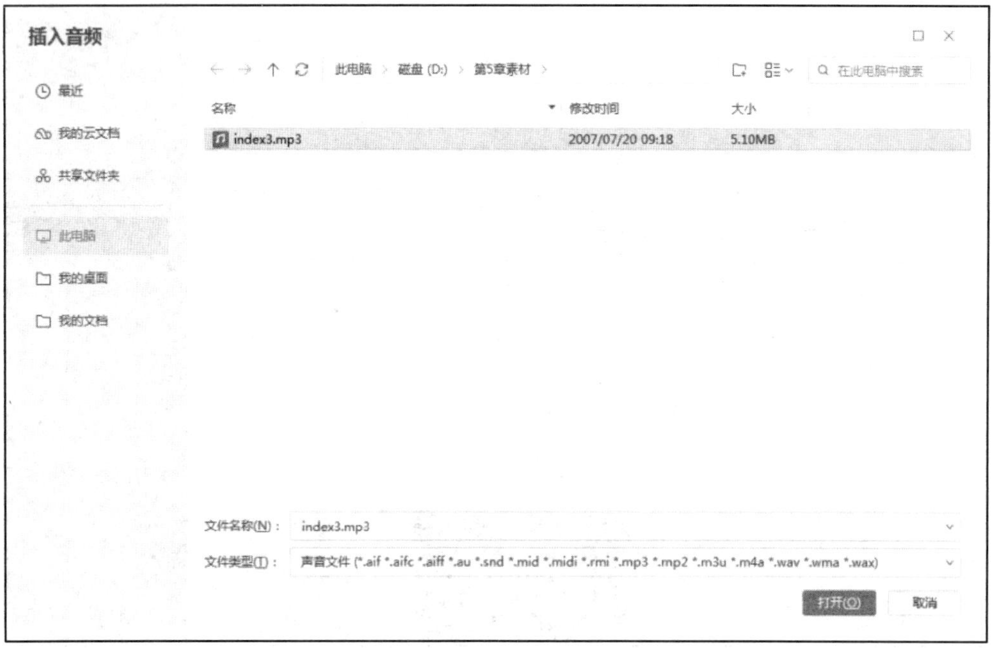

图 5.6 “插入音频”对话框

“index3.mp3”，即在幻灯片中出现一个小喇叭图标 和音频播放工具，同时，在功能区出现“音频工具”选项卡，如图 5.7 所示。单击左侧第三组｜“自动”下拉列表，弹出如图 5.8 所示的下拉列表，选择“自动”选项，则在幻灯片放映时自动播放音频。勾选左侧第三组的“放映时隐藏”复选框，则在放映幻灯片时看不到插入的音频图标 。勾选“循环播放，直至停止”复选框，则在放映幻灯片时，音频循环播放，直至幻灯片放映结束为止。

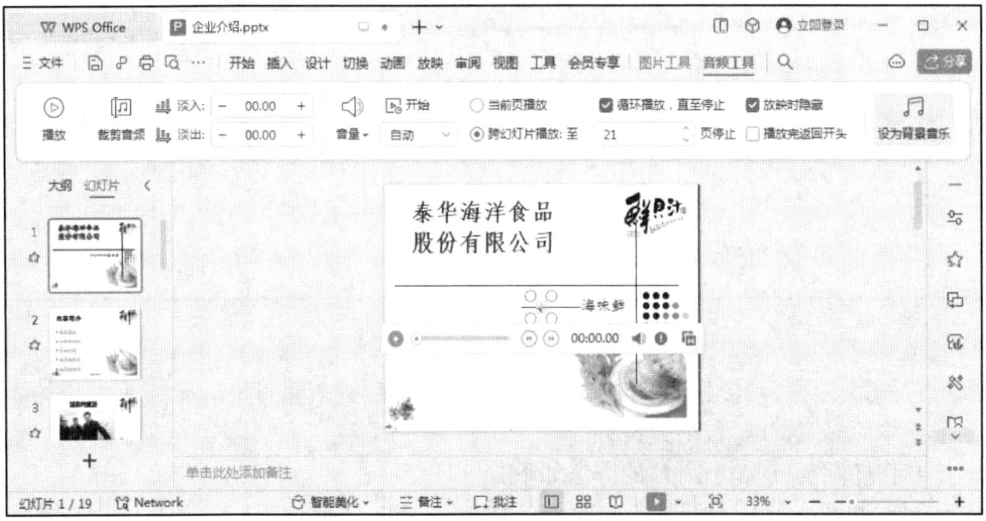

图 5.7　“音频工具”选项卡

图 5.8　“自动”下拉列表

③ 制作第 2 张幻灯片，如图 5.2 所示。采用“标题和内容”版式，标题为“内容简介”，文本为“泰华简介、公司的成长、产品介绍、公司的资质、公司的未来”。

【参考步骤】

单击“开始”选项卡｜左侧第三组｜“新建幻灯片”按钮 （或右击幻灯片缩略图区，从弹出的快捷菜单中选择“新建幻灯片”命令），系统自动将新幻灯片的版式设为“标题和内容”版式，如图 5.9 所示。单击“单击此处添加标题”占位符，在插入点处输入“内容简介”，单击“单击此处添加文本”占位符，按照图 5.2 的样式，在插入点处输入“泰华简介、公司的成长、产品介绍、公司的资质、公司的未来”。

④ 制作第 3 张幻灯片，如图 5.3 所示。采用“空白”版式。利用“开始”选项卡｜右侧第二组中的“形状”工具绘制图中的各种图形。插入艺术字作为幻灯片标题，艺术字内容为“产品用途”，加粗、字号为 44。

【参考步骤】

单击“开始”选项卡｜左侧第三组｜“新建幻灯片”按钮 （或右击幻灯片缩略图区，从弹出的快捷菜单中选择“新建幻灯片”命令），系统自动将新幻灯片的版式设为“标题和内容”版式。单击“开始”选项卡｜左侧第三组｜“版式”下拉按钮，在弹出的版式下拉列表框中，选择“空白”版式。按照图 5.3 的样式，利用“开始”选项

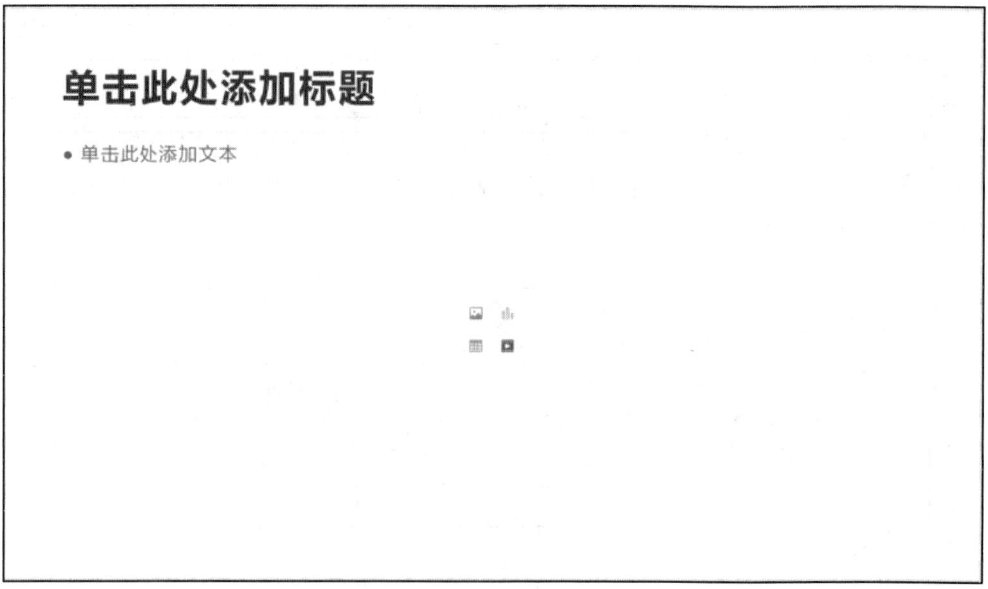

图 5.9 “标题和内容”版式

卡 | 右侧第二组中“形状”和“文本框”,绘制钟表盘、钟表指针和 6 个带有编号的添加了文本的椭圆,并进行格式设置。

制作椭圆 A、B 和小圆 C 的方法如下:

制作椭圆 A:单击“开始”选项卡 | 右侧第二组 | “形状”下拉按钮 | “基本形状”区域 | “椭圆”按钮,鼠标指针变成十字形状,在幻灯片中,按照图 5.3 中的钟表盘样式画一最大的椭圆 A。右击椭圆 A,在弹出的快捷菜单中选择“设置对象格式”命令,弹出形状“对象属性”窗格,在“填充与线条”窗格,选中“线条”下拉按钮 | “无线条”单选按钮;选中“填充”下拉按钮 | “图片或纹理填充”单选按钮;单击“纹理填充”下拉按钮,在弹出的纹理下拉列表中,选择“皮革”纹理,即可得到一个“皮革”纹理的椭圆 A。

制作椭圆 B:用复制椭圆 A 的方法,得到椭圆 B。然后将鼠标指向椭圆 B 的尺寸控点,当出现双箭头时,按住鼠标左键向内拖动,使之大小比椭圆 A 小,形状和椭圆 A 一样。双击选中椭圆 B,同时弹出形状“对象属性”窗格,在“填充与线条”窗格中,选中“填充”下拉列表中的“渐变填充”单选按钮;在“渐变样式”列表中,选择“线性渐变”;在“角度”数值框中输入 315;在“色标颜色”下拉列表中,选择“标准颜色”区域“浅蓝”色块,即可得到一个渐变浅蓝色的椭圆 B。

制作小圆 C:单击“开始”选项卡 | 右侧第二组 | “形状”下拉按钮 | “基本形状”区域 | “椭圆”按钮,按照图 5.3 中的钟表盘上小圆的样式,制作一个小圆 C,其填充色为蓝色,无轮廓。

制作钟表盘:按照图 5.3 中钟表盘的样式,将上述制作好的椭圆 B 拖到椭圆 A 上,将小圆 C 复制成 12 个同样大小的小圆,并拖放到椭圆 B 的周围。用拖动鼠标的方法,将所有椭圆都选中,然后单击“绘图工具”选项卡 | 左侧第四组 | “组合”下拉按钮 | “组合”选项,将所选图形组合成一个整体的钟表盘。

制作箭头:按照图 5.3 中的箭头样式,单击“开始”选项卡 | 右侧第二组 | “形状”

下拉按钮 ▾ |“箭头总汇”区域 |“左箭头”按钮，鼠标指针变成十字形状，在幻灯片中绘制箭头，通过拖动其尺寸控点的方式调整箭头形状。单击该箭头，功能区出现“绘图工具”选项卡，利用“绘图工具”选项卡中左侧第三组的“填充”“轮廓”“效果”下拉列表，进行箭头的样式设置，得到一个所需的箭头。

制作小圆：按照图 5.3 中的箭头中间的小圆样式，制作一小圆。单击该小圆，功能区出现“绘图工具”选项卡，利用“绘图工具”选项卡中左侧第三组的“填充”“轮廓”“效果”下拉列表，进行小圆的样式设置，得到一个所需的小圆。

制作钟表指针：按照图 5.3 中的钟表指针样式，将上述制作好的小圆拖放到箭头的中间。拖动鼠标，将箭头和小圆都选中，然后单击“绘图工具”选项卡 | 左侧第四组 |“组合”下拉按钮 |“组合”选项，将所选图形组合成一个钟表指针。

制作添加了文本的椭圆：按照图 5.3 中钟表周围填写了文本的椭圆的样式，绘制一椭圆，单击椭圆，在功能区出现“绘图工具”选项卡。利用“绘图工具”选项卡中左侧第三组的“填充”“轮廓”“效果”下拉列表，进行椭圆的样式设置，得到一个所需的椭圆。右击该椭圆，从弹出的快捷菜单中选择“编辑文字”命令，插入点即置于椭圆中。按照图 5.3 中的样式，添加文本“日韩料理”，并将文本设置为黑体、红色、20 号、居中，且中间有一定间隔。

制作文本框：利用“开始”选项卡 | 右侧第二组 |“文本框”按钮 ，制作一个无填充、无轮廓的文本框，其中内容填写“1”，并设置其字号为 40、颜色为红色。

制作 6 个带有编号的添加了文本的椭圆：按照图 5.3 中钟表周围带有编号添加了文本的椭圆的样式，将上述制作好的椭圆和文本框组合，即可得到其中的 1 个带有编号“1”添加了文本“日韩料理”的椭圆。用复制的方法，得到 5 个同样的带有编号添加了文本的椭圆，修改其编号和文本，即可得到其他 5 个带有编号添加了文本的椭圆。

最后将上述制作好的钟表指针旋转后拖到钟表盘中央，6 个带有编号的添加了文本的椭圆分布在钟表盘的周围。

单击“插入”选项卡 | 左侧第四组 |“艺术字”下拉按钮，在幻灯片中插入艺术字，艺术字内容为“产品用途”，将其加粗、字号为 44，然后将制作好的艺术字拖动到幻灯片上方，作为幻灯片的标题。

⑤ 制作第 4 张幻灯片，如图 5.4 所示。采用“标题和内容”版式，插入视频文件“第 5 章素材 \ 更衣程序 .mpg”，幻灯片放映时自动播放。标题为“严格的卫生管理”，文本为“更衣程序”。

【参考步骤】

单击“开始”选项卡 | 左侧第三组 |“新建幻灯片”按钮 ，即新建一“标题和内容”版式的幻灯片。单击“单击此处添加标题”占位符，在插入点处输入“严格的卫生管理”，单击“单击此处添加文本”占位符，在插入点处输入“更衣程序”。单击“插入”选项卡 | 左侧第五组 |“视频”下拉按钮 |“嵌入视频”选项，打开“插入视频”对话框，如图 5.10 所示。在列表框中找到并双击要插入的视频文件“更衣程序 .wmv”，即在幻灯片中插入一视频文件图标和视频播放工具，同时，在功能区出现“视频工具”选项卡，如图 5.11 所示。单击左侧第三组的“开始”下拉按钮 ▾，会弹出“开始”下拉列表，选择“自动”选项，则在幻灯片放映时自动播放视频。

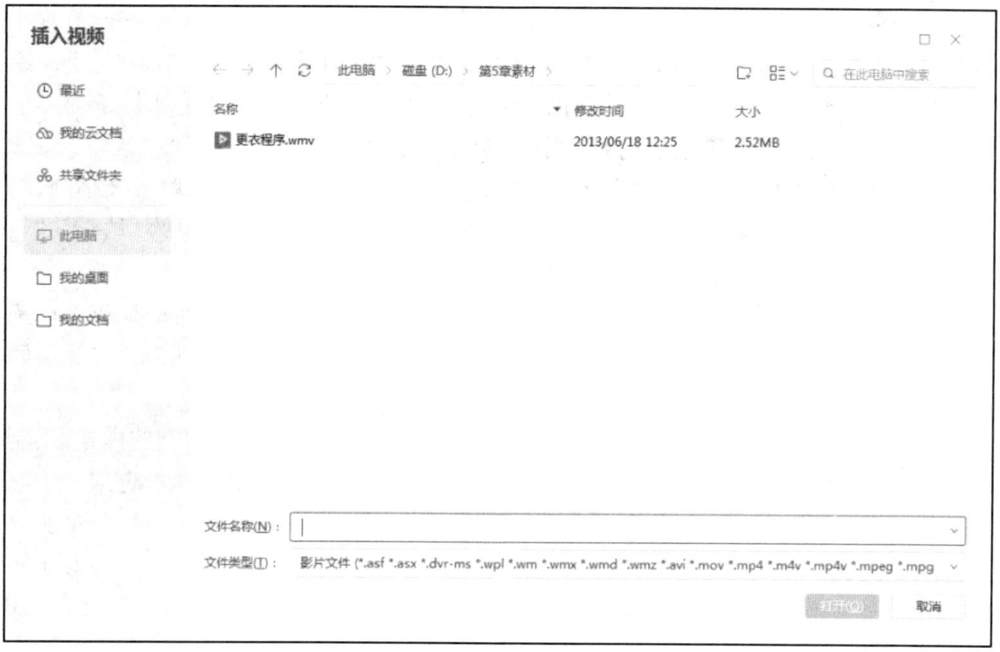

图 5.10 “插入视频”对话框

图 5.11 “视频工具”选项卡

（3）使用各种视图方式浏览文稿，观察页面变化。

【参考步骤】

分别单击“视图”选项卡｜左侧第一组的各种视图方式按钮，或单击窗口右下角的视图切换按钮，选择不同的视图方式查看页面，观察页面变化。

5.2 实验二：幻灯片的编辑、格式与美化

1. 实验目的

（1）掌握幻灯片的插入、复制、移动、删除、隐藏等编辑方法。

（2）掌握幻灯片的格式化操作方法。

（3）掌握演示文稿的美化操作方法。

2. 实验内容

（1）打开“企业介绍.pptx”演示文稿，在“内容简介”幻灯片后面插入一新幻灯片，如图 5.12 所示。采用“两栏内容”版式，标题为“政府的支持”。

图 5.12 “政府的支持”幻灯片

（2）在“内容简介”幻灯片后面，依次插入“第 5 章素材\公司的成长.pptx”“第 5 章素材\产品介绍.pptx”“第 5 章素材\公司的资质.pptx”“第 5 章素材\公司的未来.pptx”演示文稿。

（3）将“产品用途”幻灯片移动到“功能因子”幻灯片之后，将“政府的支持”幻灯片移动到“领导的关怀”幻灯片之后，将“严格的卫生管理”幻灯片移动到“先进的生产工艺”幻灯片之后。

（4）隐藏“卓越的企业管理”幻灯片，然后再将其隐藏取消，最后删除该幻灯片。

在每一个操作之后，都分别在放映视图观察其变化。

（5）修改“企业介绍”演示文稿中的标题母版：设置主、副标题的字体为仿宋，主标题的字号为 54，副标题的字号为 32。

（6）修改“企业介绍”演示文稿中的幻灯片母版：设置标题的字体为仿宋、字号为 44；设置时间为自动更新时间，页脚为“泰华—05356526310”，并为幻灯片加上编号，但是标题幻灯片不显示；更改所有幻灯片背景，背景图片文件为“第 5 章素材 \ 背景 .bmp”。

3. 实验参考步骤

（1）打开“企业介绍 .pptx”演示文稿，在“内容简介”幻灯片后面插入一新幻灯片，如图 5.12 所示。采用“两栏内容”版式，标题为“政府的支持”。

【参考步骤】

打开“企业介绍 .pptx”演示文稿，在幻灯片浏览视图或普通视图幻灯片模式下（普通视图幻灯片模式即为打开演示文稿的默认模式），在左侧幻灯片缩略图区，选择“内容简介”幻灯片，单击“开始”选项卡｜左侧第三组｜“新建幻灯片”按钮，即在“内容简介”幻灯片后面插入一“标题和内容”版式的新幻灯片（插入新幻灯片的默认版式），再单击“开始”选项卡｜左侧第三组｜“版式”下拉按钮｜“两栏内容”版式。

单击“单击此处添加标题”占位符，在插入点处输入“政府的支持”。

单击左侧的“单击此处添加文本”占位符中的“插入图片”按钮，打开“插入图片”对话框，如图 5.13 所示。在列表框中找到并双击要插入的图片文件“品牌 .jpg”，即将图片插入到幻灯片中。往上拖动一下图片，然后单击“开始”选项卡｜右侧第二组｜“形状”下拉按钮｜“流程图”区域｜“可选过程”按钮，在图片下方，按照图 5.12

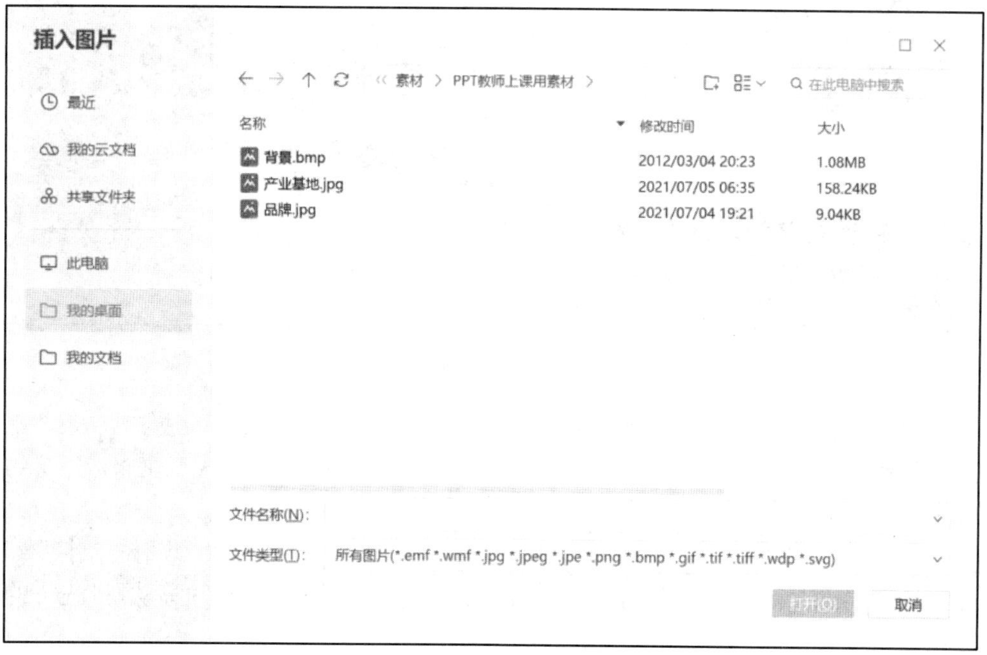

图 5.13　“插入图片”文本框

的样式画一圆角矩形，同时，在功能区出现“绘图工具”选项卡。在“绘图工具”选项卡的左侧第三组中，在“轮廓”下拉列表中选择“无边框颜色”选项，将圆角矩形的线条轮廓设为“无轮廓”；在“填充”下拉列表中“标准色”区域选择“浅蓝”色块，将圆角矩形的填充色设为浅蓝色。右击圆角矩形，在弹出的快捷菜单中选择“编辑文字”命令，输入文本内容为“大力扶持具有重大引领作用的高端生物技术产业，使其规模化、基地化、品牌化。”，文字颜色为红色。

用同样的方法，按照图 5.12 的样式，在右侧的“单击此处添加文本”占位符中，插入图片和圆角矩形，并填加内容和格式设置。注意：为了使圆角矩形内容竖排，可右击圆角矩形，在弹出的快捷菜单中选择“设置对象格式”命令，打开“对象属性”窗格，在窗格中选择“文本选项”窗格｜“文本框”选项｜“文本框”下拉按钮｜“文字方向”下拉按钮｜“竖排（从右向左）”选项即可。

（2）在“内容简介”幻灯片后面，依次插入“第 5 章素材\公司的成长 .pptx”“第 5 章素材\产品介绍 .pptx”“第 5 章素材\公司的资质 .pptx”“第 5 章素材\公司的未来 .pptx”演示文稿。

【参考步骤】

在普通视图的幻灯片模式下，在左侧幻灯片缩略图区选择“内容简介”幻灯片缩略图，单击“开始”选项卡｜左侧第三组｜“新建幻灯片”下拉按钮 ▾｜“重用幻灯片”选项，在窗口的右边打开“重用幻灯片”窗格，如图 5.14 所示。

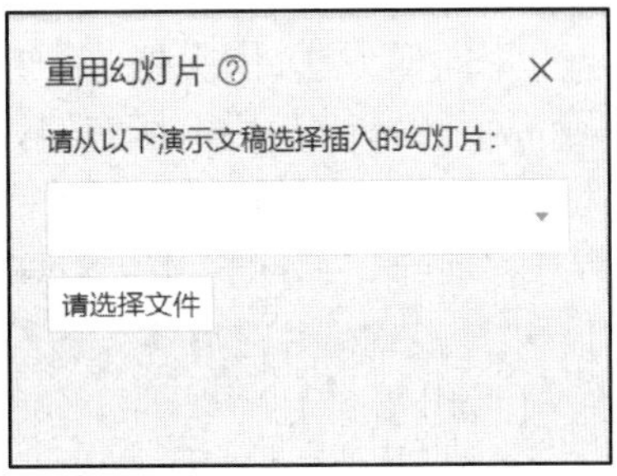

图 5.14 “重用幻灯片”窗格

在“重用幻灯片”窗格中，单击“请选择文件”按钮，打开“选择文件”对话框，如图 5.15 所示。

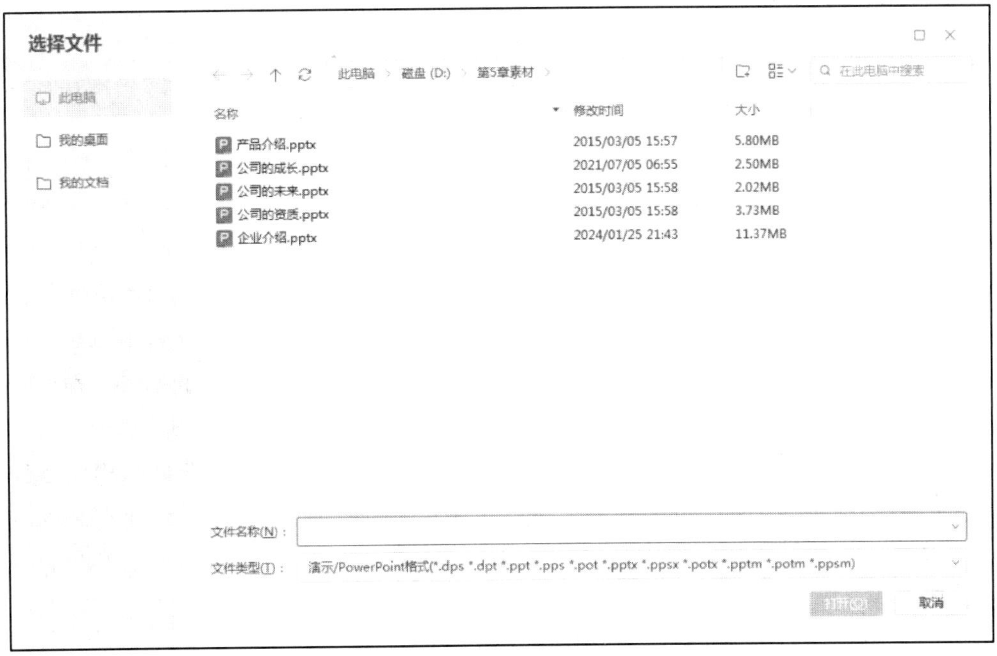

图 5.15 “选择文件”对话框

在“选择文件”对话框中，找到并单击演示文稿“公司的成长.pptx”，然后单击“打开”按钮。在“重用幻灯片”窗格中，将会显示“公司的成长.pptx”演示文稿的所有幻灯片缩略图，并在窗格的底端出现“带格式粘贴”复选框。右击任一幻灯片，在弹出的如图5.16所示的快捷菜单中，选择“插入所有幻灯片”命令，即可将“公司的成长.pptx”演示文稿中的全部幻灯片插入到“内容简介”幻灯片后面。

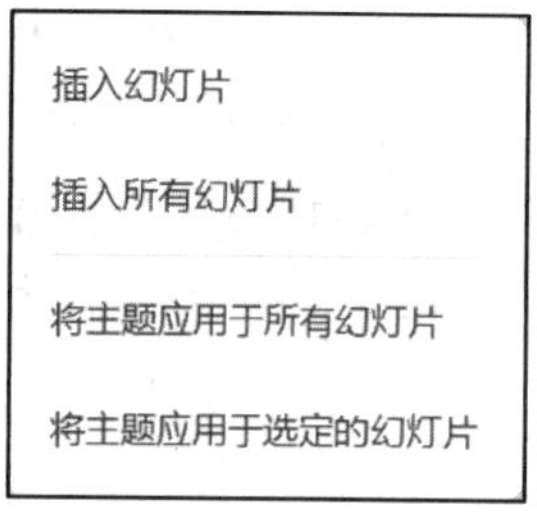

图5.16 插入幻灯片快捷菜单

说明：若要向日标位置复制的幻灯片保留原始幻灯片的格式，则在将该幻灯片复制至目标位置之前选中“带格式粘贴”复选框。

再次单击“重用幻灯片”窗格|“请选择文件”按钮，打开“选择文件”对话框，用上述方法，把“第5章素材\产品介绍.pptx”演示文稿中的所有幻灯片插入到演示文稿中。

用同样方法，依次把“第5章素材\公司的资质.pptx”“第5章素材\公司的未来.pptx”演示文稿中的所有幻灯片插入到演示文稿中。

（3）将“产品用途”幻灯片移动到“功能因子”幻灯片之后，将“政府的支持”幻灯片移动到“领导的关怀”幻灯片之后，将“严格的卫生管理”幻灯片移动到“先进的生产工艺”幻灯片之后。

【参考步骤】

在幻灯片浏览视图或普通视图的幻灯片模式下，将鼠标指针指向“产品用途”幻灯片，然后按住鼠标左键将其拖动至“功能因子”幻灯片之后。用同样方法，把“政府的支持”幻灯片移动到“领导的关怀”幻灯片之后。右击“严格的卫生管理”幻灯片，从弹出的快捷菜单中选择“剪切”命令，然后单击“先进的生产工艺”幻灯片，再单击“开始”选项卡中左侧第一组的“粘贴”按钮，即可将“严格的卫生管理”幻灯片移动到“先进的生产工艺”幻灯片后面。

（4）隐藏“卓越的企业管理”幻灯片，然后再将其取消隐藏，最后删除该幻灯片。在每一个操作之后，都分别在放映视图观察其变化。

【参考步骤】

在幻灯片浏览视图或普通视图的幻灯片模式下，选择“卓越的企业管理”幻灯片，单击“放映”选项卡|左侧第二组|“隐藏幻灯片”切换按钮；或者右击要隐藏的幻灯片，在快捷菜单中选择“隐藏幻灯片”命令即可将其隐藏。隐藏的幻灯片在放映时不会出现。选择要取消隐藏的幻灯片“卓越的企业管理”，单击“放映”选项卡|左侧第二组|“隐藏幻灯片”切换按钮；或者右击要隐藏的幻灯片，在快捷菜单中选择“隐藏幻灯片”命令，即可将其取消隐藏。选择要删除的幻灯片“卓越的企业管理”，直接按Delete键即可。也可以右击要删除的幻灯片，使用快捷菜单中的“删除幻灯片”命令完成操作。

（5）修改“企业介绍”演示文稿中的标题母版：设置主、副标题的字体为仿宋，主标题的字号为54，副标题的字号为32。

【参考步骤】

在普通视图下，单击“视图”选项卡｜左侧第二组｜“幻灯片母版”按钮，从而进入幻灯片母版视图，同时，在功能区出现“幻灯片母版”选项卡。在幻灯片母版视图，会显示一个具有默认相关版式的空幻灯片母版。在幻灯片缩略图区中，选择“标题幻灯片版式”，即为标题母版，如图 5.17 所示。

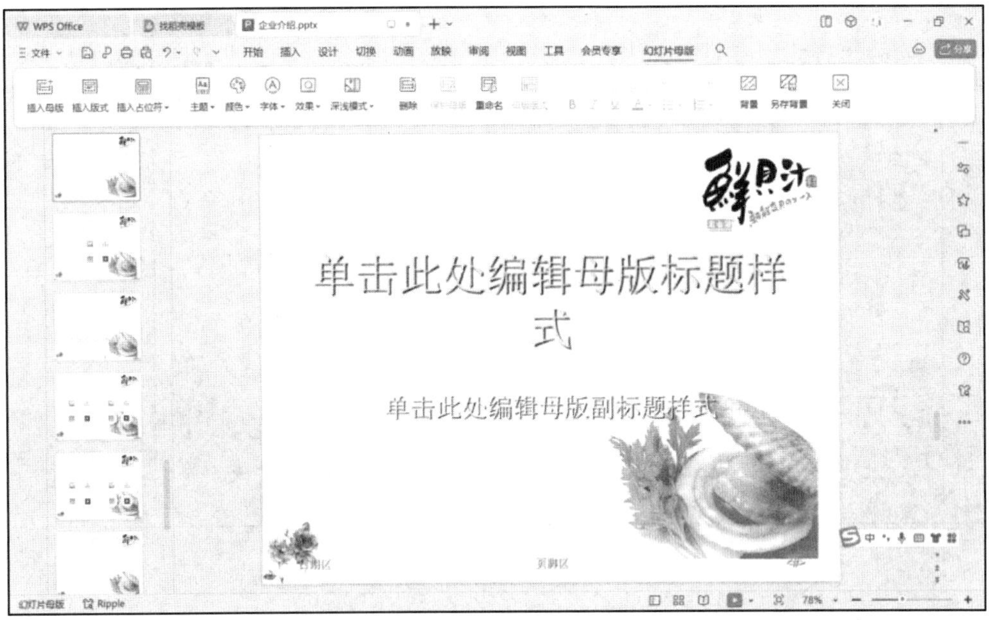

图 5.17 标题母版

分别选中“单击此处编辑母版标题样式”和“单击此处编辑母版副标题样式”字符，在“字体”对话框中或“开始”选项卡中对字体进行设置。单击“幻灯片母版”选项卡｜右侧第一组｜“关闭”按钮，返回普通视图。

（6）修改“企业介绍”演示文稿中的幻灯片母版：设置标题的字体为仿宋、字号为 44；设置时间为自动更新时间，页脚为“泰华—05356526310”，并为幻灯片加上编号，但是标题幻灯片不显示；更改所有幻灯片背景，背景图片文件为“第 5 章素材\背景 .bmp”。

【参考步骤】

单击“视图”选项卡｜左侧第二组｜“幻灯片母版”按钮，从而进入幻灯片母版视图，同时，在功能区出现“幻灯片母版”选项卡。在幻灯片母版视图，会显示一个具有默认相关版式的空幻灯片母版。在幻灯片缩略图区，幻灯片母版是那张较大的幻灯片图像，并且相关版式位于幻灯片母版下方，如图 5.18 所示。

选中“单击此处编辑母版标题样式”字符，在“字体”对话框或“开始”选项卡中，按题目要求设置字体。

单击“插入”选项卡｜右侧第三组｜“页眉页脚”按钮 ，打开“页眉和页脚”对话框，如图 5.19 所示。选择“幻灯片”选项卡，在“幻灯片包含内容”选项区域，选中“日期和时间”“幻灯片编号”“页脚”“标题幻灯片不显示”复选框，选中“自动

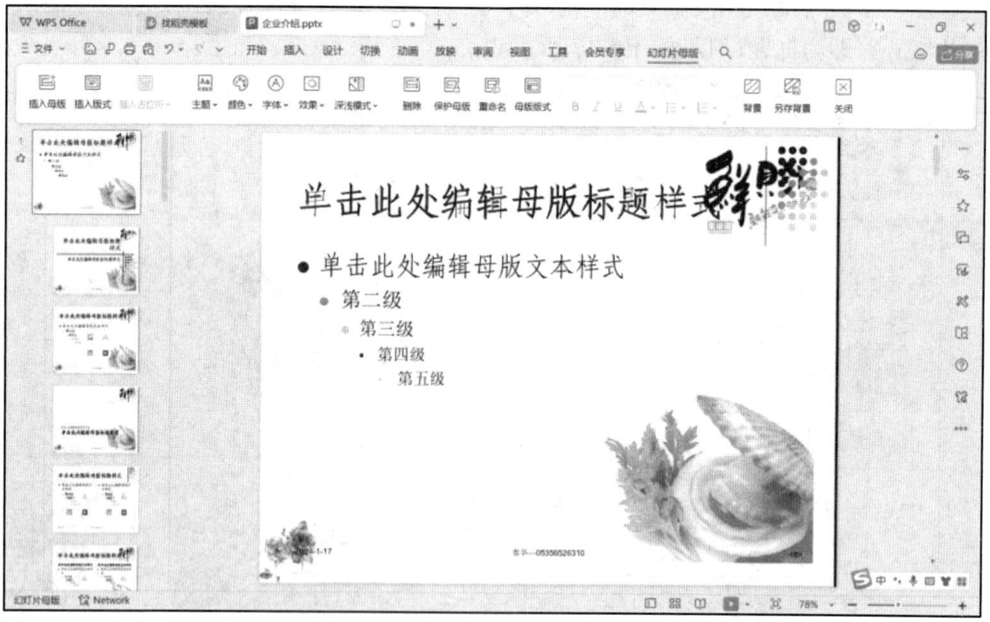

图 5.18　幻灯片母版

图 5.19　“页眉和页脚”对话框

更新”单选按钮,在“自动更新”下面的下拉列表框中,选择一种合适的日期格式,在“页脚”下面的文本框中,输入“泰华—05356526310”,单击“全部应用”按钮,返回到幻灯片母版视图。

在幻灯片母版视图,还能设置幻灯片的背景等。

单击“幻灯片母版”选项卡|右侧第二组|“背景”按钮,打开“对象属性”窗格,如图5.20所示。在“填充”窗格中,选中“图片或纹理填充”单选按钮。单击“图片填充”后的下拉列表,选择“本地文件”选项,打开“选择纹理”对话框,如图5.21所示。在“选择纹理”对话框的列表框中查找并双击要插入的图片文件“背景.bmp”,返回到“对象属性”窗格,单击“全部应用”按钮,即可更改所有幻灯片背景。单击“关闭”按钮,关闭“对象属性”窗格,返回到幻灯片母版视图。

幻灯片母版制作完成,单击“幻灯片母版”选项卡|右侧第一组|“关闭”按钮,退出幻灯片母版编辑状态,返回到当前的普通视图中,此时插入的每一张新幻灯片都会带有母版上插入的标记。

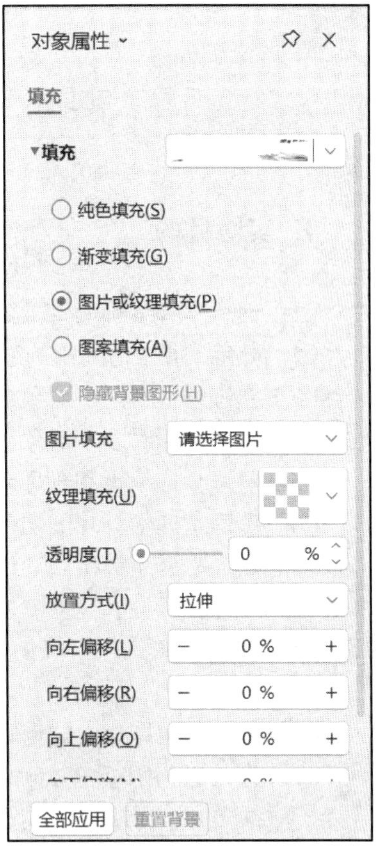

图5.20 设置背景格式窗格

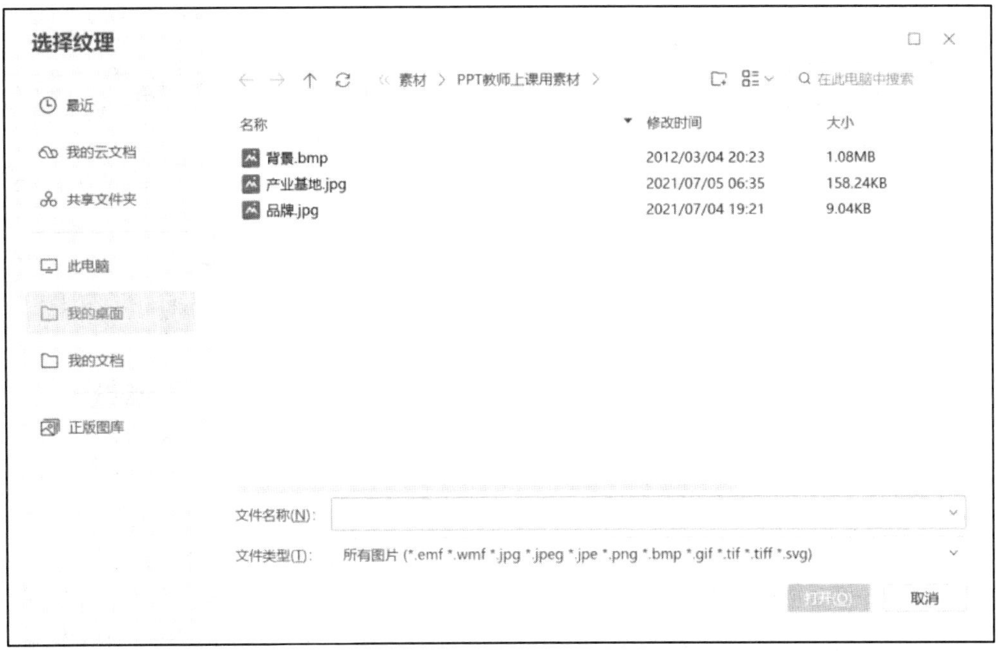

图5.21 “选择纹理”对话框

5.3 实验三：幻灯片的动画效果和超链接

1. 实验目的

（1）熟练掌握多种幻灯片的动画效果设置方法。
（2）熟练掌握“动画刷”的使用方法。
（3）熟练掌握对同一对象多次设置动画的方法。
（4）灵活使用对多个对象设置相同动画的方法。
（5）熟练掌握编辑和管理动画的方法。
（6）熟练掌握幻灯片的切换效果设置方法。
（7）熟练掌握超链接和动作设置的方法。

2. 实验内容

（1）使标题幻灯片中的音频循环播放，直到所有幻灯片放映结束后停止。

（2）为“产品用途”幻灯片设置自定义动画。

① 标题的进入方式设置为“渐变式缩放”、“在上一动画之后”开始、“中速（2秒）”。

② 钟表盘的进入方式设置为“圆形扩展”、“在上一动画之后”开始、方向为“外”“中速（2秒）”。

③ 钟表指针的进入方式设置为“圆形扩展”、“与上一动画同时”开始、方向为“外”、“中速（2秒）”。

④“1日韩料理”的进入方式设置为“擦除”、“在上一动画之后”开始、“自左侧”“非常快（0.5秒）”。

⑤ 钟表指针强调方式设置为“陀螺旋”、“在上一动画之后”开始、“顺时针、完全旋转”“非常慢（5秒）”。

⑥“2火锅蘸料”“3肉食浸料”“4凉调”“5水饺蘸料”“6烹饪”的进入方式分别设置为“擦除”“与上一动画同时”开始、“自左侧”“非常快（0.5秒）”，延迟分别设置为0.7秒、1.7秒、2.4秒、3.1秒、3.9秒。

⑦“1日韩料理”“2火锅蘸料”“3肉食浸料”“4凉调”“5水饺蘸料”“6烹饪”的退出动作路径都设置为“自定义路径”“曲线”，要求沿曲线同时运动，直到从屏幕中消失。

（3）设置所有幻灯片的切换效果为“立方体、自右侧”、无声音，切换方式为“单击鼠标时”或每隔10秒。

（4）将第2张幻灯片中的文本“泰华简介”超链接到泰华海洋食品股份有限公司的网址，“公司的成长”超链接到“国家的鼓励”幻灯片上，“产品介绍”超链接到“产品介绍”幻灯片上，“公司的资质”超链接到“公司资质”幻灯片上，“公司的未来”

超链接到第 18 张幻灯片上。

（5）分别为标题是“领导的关怀”“市场信息反馈”“一流的生产设备”的幻灯片添加一个动作按钮，单击该动作按钮可以回到第 2 张幻灯片。

3. 实验参考步骤

（1）使标题幻灯片中的音频循环播放，直到所有幻灯片放映结束后停止。

【参考步骤】

单击标题幻灯片中插入的音频图标，以选中该图标，功能区出现“音频工具”选项卡。勾选“音频工具”选项卡｜右侧第二组｜“循环播放，直至停止”复选框；选中“跨幻灯片播放”单选按钮，在“至”文本框中输入 19，或通过微调按钮调至 19（说明：本实验输入的“19”，是“企业介绍”演示文稿包含的所有幻灯片张数），如图 5.22 所示。

图 5.22　设置音频播放

（2）为“产品用途”幻灯片设置自定义动画。

① 标题的进入方式设置为“渐变式缩放”“在上一动画之后”开始、“中速（2 秒）”。

【参考步骤】

单击幻灯片的标题“产品用途”，以将其选定。单击“动画”选项卡｜左侧第三组｜动画样式列表框中的“渐变式缩放”按钮。也可单击“动画”选项卡｜左侧第三组｜动画样式列表框的“其他”按钮，弹出动画样式列表框，如图 5.23 所示。单击“进入”区域右侧的“更多选项”按钮，在“进入”区域“细微型”中选择“渐变式缩放”选项。

单击“动画”选项卡｜左侧第三组右下角的对话框启动器按钮，弹出“渐变式缩放”对话框，如图 5.24 所示。选择“计时”选项卡，在“开始”下拉列表框中选择“在上一动画之后”，在“速度”下拉列表框中选择“中速（2 秒）”，单击“确定”按钮即可。

② 钟表盘的进入方式设置为“圆形扩展”“在上一动画之后”开始、方向为“外”“中速（2 秒）”。

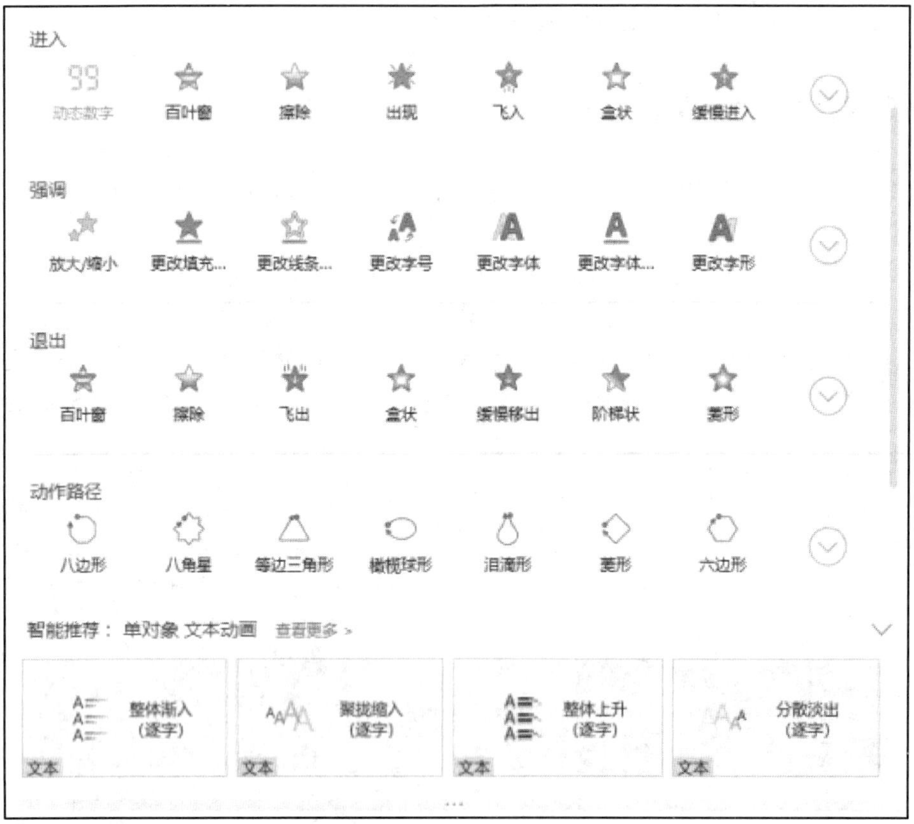

图 5.23 动画样式列表框

图 5.24 “渐变式缩放”对话框

【参考步骤】

单击钟表盘，以将其选定。单击“动画”选项卡｜左侧第三组｜动画样式列表框中的“圆形扩展”按钮。单击“动画”选项卡｜左侧第三组｜“动画属性”下拉按钮｜“外”选项。

单击“动画”选项卡｜左侧第三组右下角的对话框启动器按钮，弹出“圆形扩展”对话框，如图 5.25 所示。选择“计时”选项卡，在“开始”下拉列表框中选择“在上一动画之后”，在“速度”下拉列表框中选择“中速（2 秒）”，单击“确定”按钮即可。

图 5.25　“圆形扩展”对话框

③ 钟表指针的进入方式设置为“圆形扩展”“与上一动画同时”开始、方向为“外”、“中速（2 秒）”。

【参考步骤】

单击钟表指针，以将其选定。单击“动画”选项卡｜左侧第三组｜动画样式列表框中的“圆形扩展”按钮。单击“动画”选项卡｜左侧第三组｜“动画属性”下拉按钮｜“外”选项。

单击“动画”选项卡｜左侧第三组右下角的对话框启动器按钮，弹出“圆形扩展”对话框。选择“计时”选项卡，在“开始”下拉列表框中选择“与上一动画同时”，在“速度”下拉列表框中选择“中速（2 秒）”，单击“确定”按钮即可。

④ “1 日韩料理”的进入方式设置为“擦除”“上一动画之后”开始、“自左侧”“非常快”。

【参考步骤】

单击“1 日韩料理”，以将其选定。单击“动画”选项卡｜左侧第三组｜动画样式列表框的“其他”按钮 ▾，弹出动画样式列表框。在该列表框的“进入”选项区域，选择“擦除”选项。单击“动画”选项卡｜左侧第三组｜“动画属性”下拉按钮，在弹出的列表中，选择“自左侧”选项。

单击“动画”选项卡｜左侧第三组右下角的对话框启动器按钮，弹出“擦除”对话框。选择“计时”选项卡,在“开始”下拉列表框中选择“在上一动画之后”,在“速度”下拉列表框中选择“非常快(0.5 秒)”,单击“确定”按钮即可。

⑤ 钟表指针强调方式设置为“陀螺旋”“在上一动画之后”开始、“顺时针、完全旋转”“非常慢”。

【参考步骤】

注意:钟表指针是第 2 次添加动画,所以要用到“添加效果”按钮。

单击钟表指针,以将其选定。单击“动画”选项卡|右侧第一组|“动画窗格”按钮,弹出“动画窗格”窗格,单击“动画窗格”窗格中的“添加效果”下拉按钮,在弹出的动画样式列表框中单击“强调”选项区域的“陀螺旋”选项,同时在“动画窗格”下方的动画顺序列表中添加了“陀螺旋”动画,接着单击选中该动画,然后单击“动画”选项卡|左侧第三组|“动画属性”下拉按钮|“完全旋转”“顺时针”两个选项。

单击“动画窗格”下方动画顺序列表中的“陀螺旋”动画下拉按钮,在下拉列表中单击“效果选项”选项,打开“陀螺旋”对话框,选择“计时”选项卡,在“开始”下拉列表框中选择“在上一动画之后”,在“速度”下拉列表框中选择“非常慢(5 秒)”,单击“确定”按钮即可。

⑥“2 火锅蘸料”“3 肉食浸料”“4 凉调”“5 水饺蘸料”“6 烹饪”的进入方式分别设置为“擦除”“与上一动画同时”开始、“自左侧”“非常快”,延迟分别设置为 0.7 秒、1.7 秒、2.4 秒、3.1 秒、3.9 秒。

【参考步骤】

比较“1 日韩料理”“2 火锅蘸料”“3 肉食浸料”“4 凉调”“5 水饺蘸料”“6 烹饪”的动画效果设置可以发现:它们的进入方式、效果和持续时间相同,都是“擦除”“自左侧”、非常快(0.5 秒);所不同的是“开始”和“延迟”。

再比较“2 火锅蘸料”“3 肉食浸料”“4 凉调”“5 水饺蘸料”“6 烹饪”的“开始”和“延迟”设置可以发现:它们的“开始”设置都相同,都是“与上一动画同时”;不同的是“延迟”。

所以,在设置“2 火锅蘸料”“3 肉食浸料”“4 凉调”“5 水饺蘸料”“6 烹饪”的动画效果时,可以适当采用 WPS Office 演示文稿提供的“动画刷”工具,以快速设置动画效果。

首先设置“2 火锅蘸料”的动画效果。单击“1 日韩料理”,以将其选中,然后单击“动画”选项卡|左侧第一组|“动画刷”按钮,此时幻灯片中的鼠标指针变成动画刷的形状。用动画刷单击“2 火锅蘸料”,则“1 日韩料理”的动画效果应用到“2 火锅蘸料”上。单击“动画”选项卡|左侧第三组右下角的对话框启动器按钮,弹出“擦除”对话框。选择“计时”选项卡,在“开始”下拉列表框中选择“与上一动画同时”,在“延迟”数值框中输入“0.7”,单击“确定”按钮即可。

单击“2 火锅蘸料”将其选中,然后双击“动画”选项卡|左侧第一组|“动画刷”按钮,用动画刷分别单击“3 肉食浸料”“4 凉调”“5 水饺蘸料”“6 烹饪”,则“2 火锅蘸料”的动画效果应用到“3 肉食浸料”“4 凉调”“5 水饺蘸料”“6 烹饪”上。完成格式的复制后,再次单击“动画刷”按钮或按 Esc 键,以停止使用动画刷。然后将“3 肉食浸料”“4 凉调”“5 水饺蘸料”“6 烹饪”的“延迟”时间分别修改为 1.7 秒、

2.4 秒、3.1 秒、3.9 秒。

注意：若单击“动画刷”按钮，则动画刷记录的动画格式只能被复制一次；若要多次格式复制，则需要双击“动画刷”按钮。完成格式的复制后，再次单击“动画刷”按钮或按 Esc 键，以停止使用动画刷。

⑦“1 日韩料理”“2 火锅蘸料”“3 肉食浸料”“4 凉调”“5 水饺蘸料”“6 烹饪”的退出动作路径都设置为“自定义路径”“曲线”，要求沿曲线同时运动，直到从屏幕中消失。

【参考步骤】

按住 Ctrl 键，依次单击“1 日韩料理”“2 火锅蘸料”“3 肉食浸料”“4 凉调”“5 水饺蘸料”“6 烹饪”，以将其全部选定。单击“动画”选项卡｜左侧第三组｜动画样式列表框的“其他”按钮 ▾，弹出动画样式列表框。在该列表框的“绘制自定义路径”选项区域，选择“曲线”选项，鼠标指针变成十字形状，单击最左边的“1 日韩料理”或“6 烹饪”，然后按住鼠标左键自行画曲线。在画曲线的过程中，遇到拐点时，需要释放鼠标，再重新按住鼠标拖动。若要结束画曲线，在结束处双击即可。若要使选中的图形全部从屏幕中消失，则需要在幻灯片之外结束画曲线。

（3）设置所有幻灯片的切换效果为“立方体、自右侧”“无声音”，切换方式为“单击鼠标时”或每隔 10 秒。

【参考步骤】

在普通视图下，选中任意一张幻灯片。单击“切换”选项卡｜左侧第二组｜切换方式列表框“其他”按钮 ▾，在弹出的如图 5.26 所示的切换方式列表框中，选择“立方体”选项。

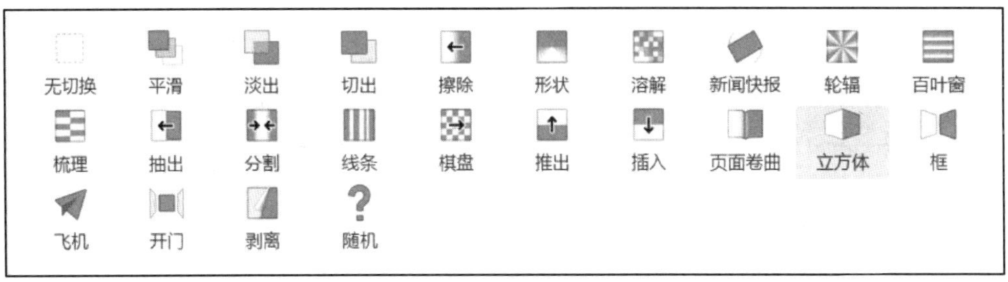

图 5.26　切换方式列表框

单击“切换”选项卡｜左侧第二组｜“效果选项”下拉按钮，在弹出的列表中选择“右侧进入”。

在“切换”选项卡的右侧第三组中，单击“声音”下拉按钮，在弹出的下拉列表框中选择“无声音”，则在幻灯片切换时没有声音；单击右侧第一组的“应用到全部”按钮，将此切换效果应用于整个演示文稿；选中右侧第二组的“单击鼠标时换片”复选框，则单击鼠标时切换到下一张幻灯片；选中右侧第二组的“自动换片”复选框，并在其后的数值框中输入“10”，时间以秒为单位，则幻灯片以 10 秒为间隔进行自动切换。注意：若两个复选框都被选中，则会以最短的时间间隔为准。

（4）将第 2 张幻灯片中的文本“泰华简介”超链接到泰华海洋食品股份有限公司的网址，“公司的成长”超链接到“国家的鼓励”幻灯片上，“产品介绍”超链接到

“产品介绍”幻灯片上，“公司的资质”超链接到“公司资质”幻灯片上，“公司的未来”超链接到第 18 张幻灯片上。

【参考步骤】

在普通视图下，选择第 2 张幻灯片，选定“泰华简介”。单击“插入”选项卡｜右侧第二组｜“超链接”按钮 (也可以右击“泰华简介”，在弹出的快捷菜单中选择“超链接”命令)，即可打开“插入超链接”对话框。在该对话框中的“链接到”选项区域，选择“原有文件或网页”，在“地址”文本框中输入泰华海洋食品股份有限公司的网址，如图 5.27 所示。单击“确定”按钮即可。

图 5.27　设置超链接到网页

选定“公司的成长”，单击“插入”选项卡｜右侧第二组｜“超链接”按钮，打开“插入超链接”对话框。在“链接到”选项区域，选择“本文档中的位置”。在“请选择文档中的位置”列表框中，选择“国家的鼓励”，如图 5.28 所示。单击“确定”按钮即可。

用同样方法，将“产品介绍”超链接到“产品介绍”幻灯片上，“公司的资质”超链接到“公司资质”幻灯片上、“公司的未来”超链接到第 18 张幻灯片上。

(5) 分别为标题是“领导的关怀”“市场信息反馈”“一流的生产设备”的幻灯片添加一个动作按钮，单击该动作按钮可以回到第 2 张幻灯片。

【参考步骤】

在普通视图下，选择“领导的关怀”幻灯片。在“开始”选项卡｜右侧第二组｜“形状”下拉按钮｜“动作按钮”(或“插入”选项卡｜左侧第三组｜“形状”下拉按钮｜“动作按钮”) 区域，选择所需要的动作按钮，鼠标出现十字形状，在幻灯片的下部，按住鼠标左键，拖动鼠标，即可得到一个动作按钮，并同时打开“动作设置”对话框，如图 5.29 所示。在“单击鼠标时的动作”选项区域，选中“超链接到”，并在

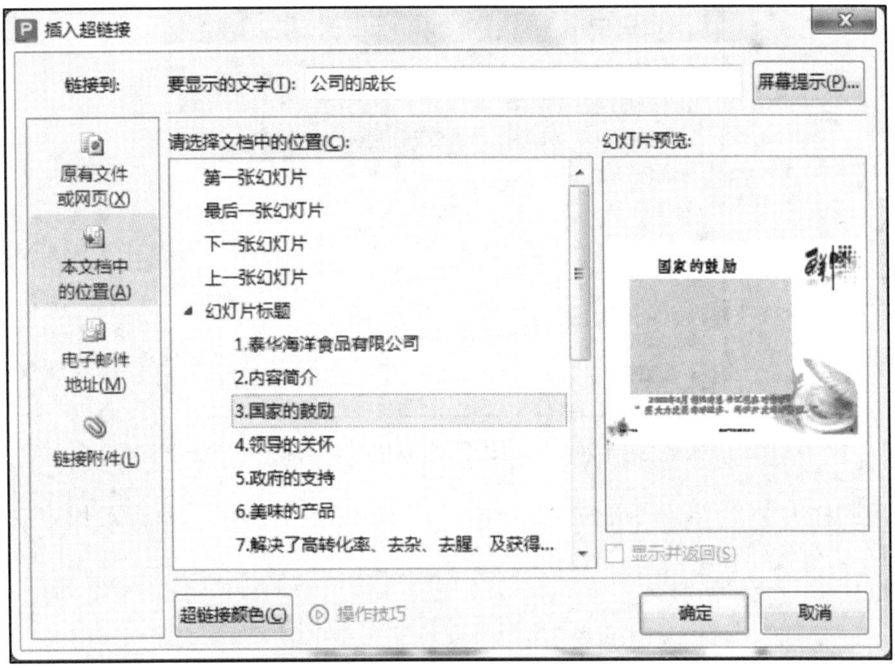

图 5.28　设置超链接到本文档中的幻灯片

图 5.29　“动作设置”对话框

其下面的下拉列表框中，选择“幻灯片…”选项，又打开“超链接到幻灯片”对话框，如图 5.30 所示。在“幻灯片标题”列表框中，选择第 2 张幻灯片“内容简介”，依次单击“确定”按钮即可。

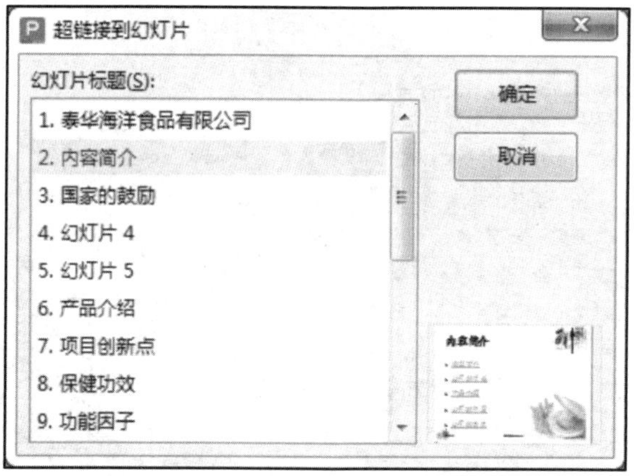

图 5.30　“超链接到幻灯片”对话框

用同样方法，分别在“市场信息反馈”“一流的生产设备”幻灯片添加一个动作按钮，单击该按钮，即可回到第 2 张幻灯片。

5.4　实验四：演示文稿的播放、打印和打包

1. 实验目的

（1）掌握放映演示文稿的方法。

（2）掌握打印的相关操作方法。

（3）掌握打包的方法和功能。

2. 实验内容

（1）设置“企业介绍 .pptx”演示文稿的放映方式，放映类型设置为“展台自动循环放映（全屏幕）”，放映选项设置为“循环放映，按 Esc 键终止”，换片方式设置为“如果存在排练时间，则使用它”，观看放映效果。

（2）将该演示文稿打印 3 份。

（3）将制作完成的“企业介绍 .pptx”演示文稿打包到“海味鲜”文件夹下。

（4）播放打包的演示文稿。

3. 知识补充

（1）放映演示文稿。

WPS Office 演示文稿提供了多种控制放映演示文稿的方法，例如，正常放映、计时放映、跳转放映等。用户可以选择最为理想的放映速度与放映方式，使幻灯片的放映

结构清晰、节奏明快、过程流畅。

① 设置放映方式：演示文稿的放映方式不止一种，可以根据具体的需要选择相应的放映方式。

单击“放映”选项卡｜左侧第二组｜“放映设置”按钮，打开“设置放映方式”对话框，如图 5.31 所示，在“放映类型”选项区域有两种类型可被选择。

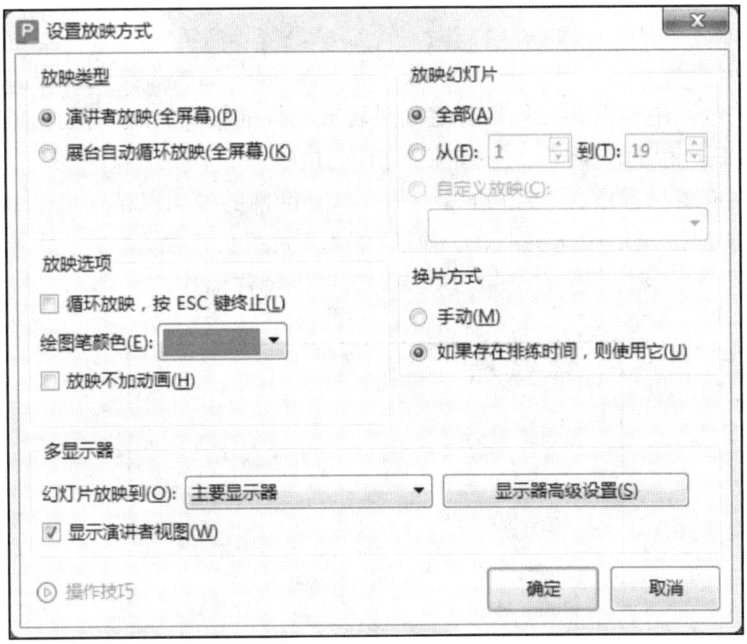

图 5.31 “设置放映方式”对话框

a. “演讲者放映”。此选项可将演示文稿全屏显示，这是最常用的方式，通常用于演讲者播放演示文稿。在这种方式下，演讲者对演示文稿的播放具有完全的控制权。

b. “展台自动循环放映”。是指自动运行演示文稿，不需要专人操作。可以使用鼠标控制超链接和动作按钮。若自行播放的演示文稿放映结束或人工操作的幻灯片的闲置时间超过了 5 分钟，演示文稿将自动重新开始播放。

注意：在“设置放映方式”对话框中还可以对演示文稿进行其他一些设置，例如，放映时是否出现动画效果等。

② 放映演示文稿：设置好演示文稿的放映方式，便可进行放映。打开要放映的演示文稿之后，有以下几种放映方法。

a. 单击“放映”选项卡｜左侧第一组｜“当页开始”按钮，可从当前幻灯片开始放映演示文稿。

b. 单击视图按钮中的“从当前幻灯片开始播放”按钮 ▶ 或按 Shift+F5 键，可从当前幻灯片开始放映演示文稿。

c. 单击“放映”选项卡｜左侧第一组｜“从头开始”按钮，则从首张幻灯片开始放映演示文稿。

d. 直接按 F5 快捷键,则从首张幻灯片开始放映演示文稿。

e. 将演示文稿保存为“PowerPoint 放映”类型。在“另存为”对话框中选择“保存类型”为“Microsoft PowerPoint 放映文件(*.ppsx)”,这时文件的扩展名为 .ppsx。双击这种类型的文件或其快捷方式,可以在打开该文件的同时开始自动播放幻灯片,无法进入编辑状态。还可以防止其他用户修改演示文稿。

f. 单击“视图”选项卡|左侧第一组|“阅读视图”按钮,可以从首张幻灯片开始放映演示文稿。

注意:

a. 放映过程中若需要在幻灯片之间跳转或要提前结束放映,可右击幻灯片,在弹出的控制放映过程的快捷菜单中控制幻灯片的放映。

b. 若在放映过程中,需要在屏幕上写一些辅助性的说明以帮助理解,可右击幻灯片,在弹出的快捷菜单中选择“墨迹画笔”命令,如图 5.32 所示,从“墨迹画笔”级联菜单中选择一种类型,即可在演讲过程中对某些内容作标注。

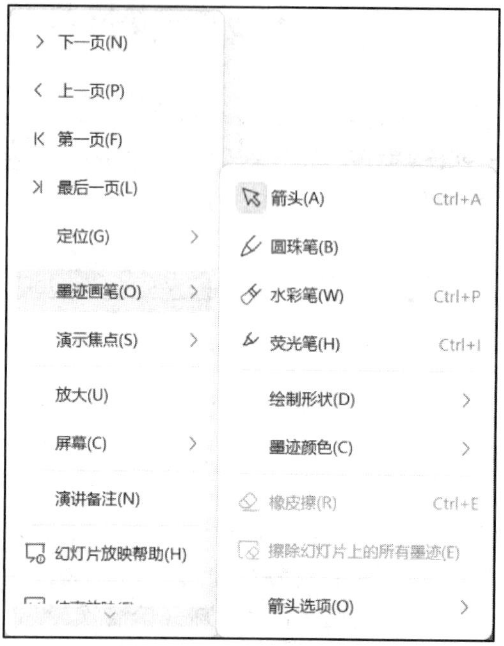

图 5.32 “墨迹画笔”级联菜单

(2)打印演示文稿。

打印演示文稿是经常进行的操作。在 WPS Office 演示文稿中,既可打印演示文稿中的所有幻灯片、大纲、备注和观众讲义,也可打印特定的幻灯片、讲义、备注页或大纲页。打印之前一定要先确保计算机已经连接了打印机并进行了相关设置。另外,还需要进行的其他准备工作是幻灯片大小和打印参数的设置。

① 幻灯片大小:幻灯片大小设置的步骤如下。

a. 单击“设计”选项卡|右侧第一组|“幻灯片大小”下拉按钮|“自定义大小”选项,打开“页面设置”对话框,如图 5.33 所示。

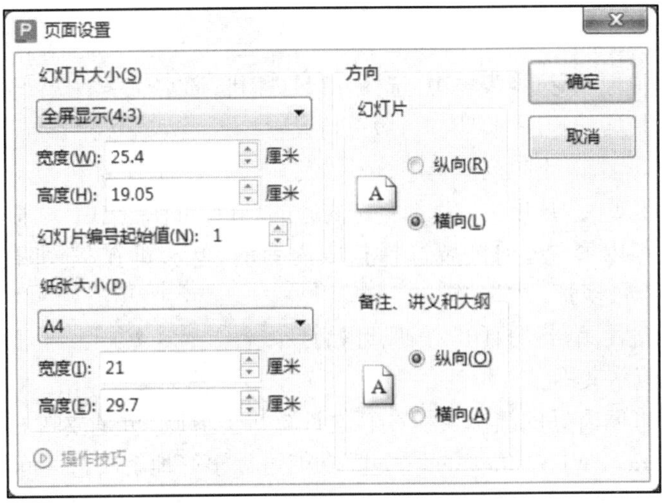

图 5.33 “页面设置”对话框

b. 在该对话框中，可以对“幻灯片大小”进行选择，若在下拉列表框中没有找到满意的选项，可以在“宽度”“高度”“幻灯片编号起始值”数值框中设置合适的值。

c. 在“方向”选项区域，可以选择幻灯片的打印方向是“纵向”还是“横向”，还可以选择幻灯片的备注、讲义和大纲的打印方向是“纵向”还是“横向”。

d. 设置完成后，单击“确定”按钮即可。

② 打印预览：打印前可以使用打印预览功能，查看幻灯片设计的效果是否和自己的预期效果相符合。单击“文件”|“打印”|“打印预览”选项，打开“打印预览”窗格，如图 5.34 所示，在左面窗格即可预览幻灯片。可按比例预览，也可指定页预览。

图 5.34 打印预览窗格

③ 设置打印参数并打印输出：预览满意后，可在打印预览窗格的右面窗格进行打印参数设置。

a. 在“打印机”下拉列表框中，选择一台打印机，通常使用默认设置即可。

b. 可以对打印的顺序、打印的份数进行设置。

c. 在“打印范围”下拉列表框中，可设置打印的内容是全部打印还是特定打印。

d. 在“打印颜色”选项区域选择打印内容的颜色，可在“黑白”“彩色”之间选择。

e. 在“打印内容”选项区域选择打印内容的种类，可在“整张幻灯片”“备注页”“大纲”“每页多张”中选择。

f. 设置完成后，单击“打印”按钮，开始打印输出。

（3）打包演示文稿。

经常需要将编辑好的演示文稿在其他计算机上放映，可是放映的计算机不一定安装了 WPS Office，WPS Office 的“打包”功能可以很好地解决这一问题。“打包”就是将幻灯片的播放器连同幻灯片一起制作成一个文件，即打成一个文件包。

① 打包演示文稿的步骤如下。

a. 打开要打包的演示文稿。

b. 单击“文件”|“文件打包”|“将演示文稿打包成文件夹”选项，打开“演示文件打包”对话框，如图 5.35 所示。

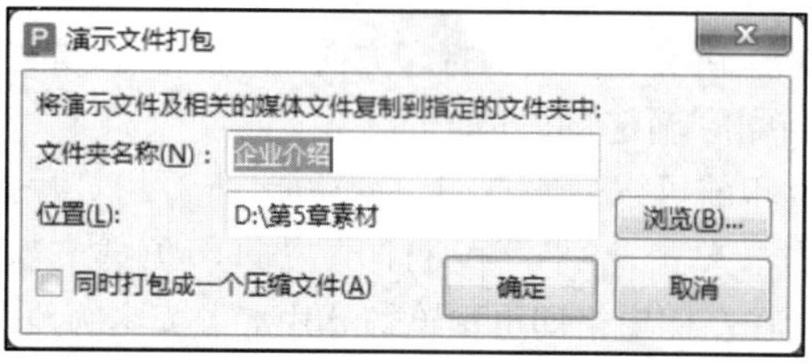

图 5.35 “演示文件打包”对话框

c. 在“文件夹名称”文本框中输入新的名称。

d. 在“位置”文本框中设置打包文件保存的路径，单击“确定”按钮，即可将文件保存到指定的文件夹。

e. 若要打包成一个压缩文件，可在“演示文件打包”对话框中选中“同时打包成一个压缩文件”复选框。

② 播放打包的演示文稿：打包后的演示文稿文件类型并没有变，只是在文件夹中包含了播放器及所需的库文件。播放打包的演示文稿的步骤如下。

a. 在计算机上找到打包的文件夹。

b. 双击运行其中的演示文稿即可。

4. 实验参考步骤

（1）设置“企业介绍 .pptx”演示文稿的放映方式，放映类型设置为“展台自动循环放映（全屏幕）”，放映选项设置为“循环放映，按 Esc 键终止”，换片方式设置为“如果存在排练时间，则使用它”，观看放映效果。

【参考步骤】

打开“企业介绍 .pptx”演示文稿。单击“放映”选项卡｜左侧第二组｜“放映设置”按钮，打开“设置放映方式”对话框，如图 5.31 所示。在“放映类型”选项区域，选中“展台自动循环放映（全屏幕）”单选按钮；在“放映选项”选项区域，选中“循环放映，按 Esc 键终止”复选框；在“换片方式”选项区域，选中“如果存在排练时间，则使用它”单选按钮，单击“确定”按钮即可。

（2）将该演示文稿打印 3 份。

【参考步骤】

单击“文件”｜“打印”｜“打印预览”选项，打开打印预览窗格，如图 5.34 所示，在左面窗格可预览幻灯片。可按比例预览，也可指定页预览。

预览满意后，可在打印预览窗格的右面窗格进行打印参数设置。

在“打印设置”窗格的“份数”数值框中输入“3”，在“打印范围”后选择“全部”。其他选项使用默认设置，单击“打印”按钮，即开始打印输出。

（3）将制作完成的“企业介绍 .pptx”演示文稿打包到“海味鲜”文件夹下。

【参考步骤】

选择“文件”菜单｜“文件打包”选项｜“将演示文稿打包成文件夹”选项，打开“演示文件打包”对话框，如图 5.35 所示。

在“文件夹名称”文本框中，输入“海味鲜”，在“位置”文本框中，设置“海味鲜”文件夹要保存的位置（自行设置）。单击“确定”按钮，即可将“企业介绍 .pptx”演示文稿打包到指定的文件夹“海味鲜”中。

（4）播放打包的演示文稿。

打包后的演示文稿文件类型并没有变，只是在文件夹中包含了播放器及所需的库文件。

在计算机上找到打包的文件夹“海味鲜”，双击“企业介绍 .pptx”演示文稿即可在甚至没有安装 WPS Office 软件的计算机上运行演示文稿。

5.5 实验五：使用 WPS 演示 AI 生成演示文稿

1. 实验目的

（1）掌握 WPS 演示 AI 生成演示文稿的方法。

（2）掌握 WPS 演示 AI 修改演示文稿的方法。

2. 实验内容

（1）通过输入幻灯片主题的方法生成演示文稿。

（2）通过输入幻灯片主题和已有文本大纲的方法生成演示文稿。

（3）对生成的演示文稿更换主题。

（4）对生成的演示文稿中的某一幻灯片进行重新创作。

（5）对生成的演示文稿生成全文演讲备注。

3. 实验参考步骤

（1）通过输入幻灯片主题的方法生成演示文稿。

【参考步骤】

打开 WPS Office 系统，单击“新建”按钮，选择“演示”|“智能创作”选项，即可启动 AI 功能。在弹出的如图 5.36 所示“WPS AI”对话框中，提示“输入幻灯片主题，或已有文本大纲”。输入幻灯片主题为“人工智能技术基础”，根据需要选择文本框下方的“短篇幅”“中篇幅”或“长篇幅”选项，这里选择“短篇幅”，然后单击“智能生成”按钮，稍等片刻，系统将智能生成相应幻灯片的文字内容。最后，可以根据需要对生成的幻灯片内容进行内容、位置和标题升降级等的修改。

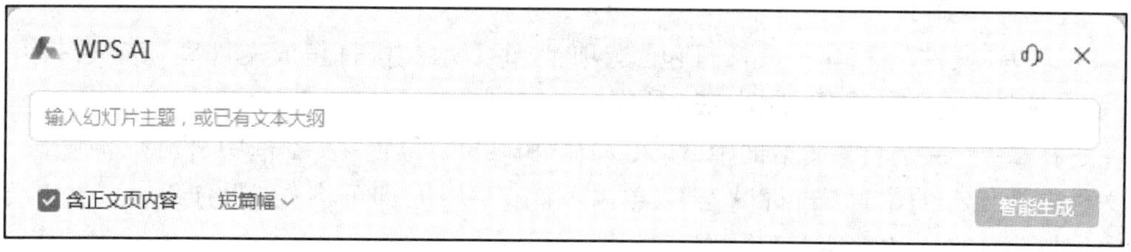

图 5.36 “WPS AI”对话框

（2）通过输入幻灯片主题和已有文本大纲的方法生成演示文稿。

【参考步骤】

除了上述方法，还可在演示文稿系统中，单击“WPS AI”选项卡，打开“WPS AI”窗格，如图 5.37 所示。单击“一键生成幻灯片”按钮，在弹出的“WPS AI”对话框中，按照图 5.38 所示输入幻灯片主题和已有文本大纲，根据需要选择文本框下方的“短篇幅”“中篇幅”或“长篇幅”选项，这里选择“短篇幅”，然后单击“智能生成”按钮，稍等片刻，系统将基于输入的内容进行智能拓展和延伸，生成幻灯片的文字内容。生成后，用户可以对内容进行进一步编辑，如调整内容、位置和标题层级等。完成编辑后，单击“立即创建”按钮，稍等片刻，AI 将自动生成演示文稿。

（3）对生成的演示文稿更换主题。

【参考步骤】

WPS AI 生成演示文稿后，如果对主题不喜欢，可直接在“WPA AI”窗格里更换主题。或者单击窗格右侧工具栏中的“更换主题”按钮，在出现的推荐方案中选择喜欢的主题并单击，即可更换成选择的主题。

（4）对生成的演示文稿中的某一幻灯片进行重新创作。

【参考步骤】

单击“WPS AI”窗格右侧工具栏中的“WPS AI”按钮，进入“WPS AI”窗格，

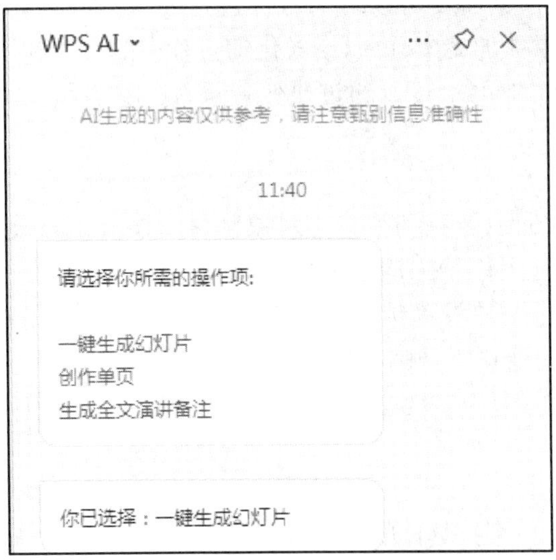

图 5.37 “WPS AI” 窗格

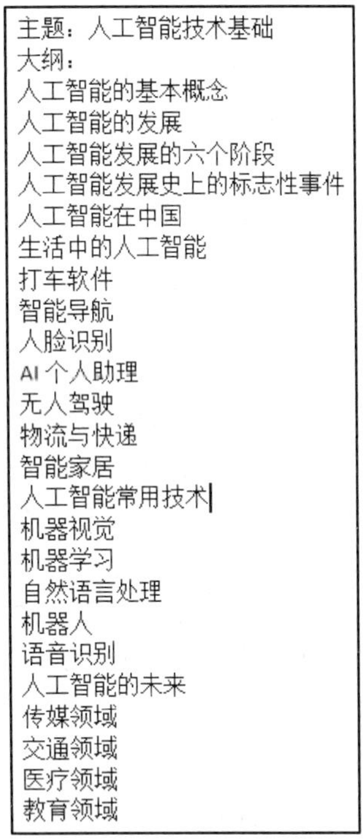

图 5.38 主题和文本大纲

首先单击窗格中的“创作单页”按钮，然后选择需要重新创作的幻灯片，在窗格底部“创作单页”按钮右侧文本框中输入幻灯片主题，最后单击窗格底部的发送按钮 ➤，稍等片刻，即可生成新幻灯片，新幻灯片风格与当前演示文稿风格完全相同，可以在当前窗口中选择不同的版式设计，或单击“换一换”按钮，查看更多的版式设计，确定之后，单击“应用”按钮即可。如果不满意当前生成的幻灯片，可单击“弃用”按钮。

（5）对生成的演示文稿生成全文演讲备注。

【参考步骤】

单击“WPS AI”窗格中的“生成全文演讲备注”按钮，稍等片刻，即为演示文稿中每一页幻灯片增加了演讲备注，确定之后，单击“应用”按钮即可。

本章实验小结

本章共给出了 4 个实验，通过完成这 4 个实验，本章案例“制作以‘企业介绍’为主题的演示文稿”也就完成了。

完成案例“制作以‘企业介绍’为主题的演示文稿”的大体步骤如下：

（1）创建演示文稿。

可以通过空白演示文稿，或根据模板、主题、现有演示文稿等几种方法创建演示文稿。演示文稿是由一张张幻灯片组成的，要创建演示文稿，就要根据演示文稿的主题思想为制作不同的幻灯片而搜集资料，例如，文字、表格、图表、图片、音频、视频等。然后选择不同的版式，在幻灯片编辑区制作幻灯片，可以根据需要，在占位符中输入文本，插入图片、表格、图表、艺术字、文本框、音频和视频等，还可以绘制各种图形。

（2）编辑、格式化与美化幻灯片。

一个演示文稿包含多个幻灯片，根据需要可以对幻灯片进行插入、移动、复制、隐藏、删除等操作。为了使文字的效果更加突出，可以格式化幻灯片中的文字和段落等。为了使演示文稿给观众留下深刻的印象，可以通过改变背景、使用模板、使用母版、使用配色方案等对演示文稿进行美化。

（3）设置动画效果和超链接。

幻灯片中的标题、副标题、文本、图片、音频和视频等对象都可以设置动画效果，在放映时以不同的动作出现在屏幕上，可以增强演示文稿的放映效果。可以为一个对象设置多个动画效果，也可以为多个对象设置相同的动画效果。还可以使用WPS Office演示新增加的"动画刷"工具，快速设置动画效果。在幻灯片放映时，为了使幻灯片切换时展示出更加生动活泼的视觉效果，可设置片间动画，即设置幻灯片的切换效果。

（4）放映、打印和打包演示文稿。

演示文稿的放映方式不止一种，可以根据具体的需要选择相应的放映方式。打印前可以使用打印预览功能，查看幻灯片设计的效果是否和自己的预期效果相符。所有的设置完成之后，便可打开"打印"对话框，进行打印参数的设置，并最终打印输出。

如果要在不一定安装了WPS Office演示的计算机上放映演示文稿，可以将演示文稿"打包"。

应用练习

一、基础练习

1. 打开第5章素材中的"练习1.pptx"并按如下要求操作：

（1）把WPS Office演示文稿中的第1张幻灯片的切换效果设置为摩天轮，中速，单击鼠标换页，激光声音。

（2）把第3张幻灯片与第2张幻灯片交换位置。

2. 打开第5章素材中的"练习2.pptx"并按如下要求操作：

（1）把第1张标题字体设置为隶书，颜色为红色（RGB为（255，0，0）），并将该幻灯片的切换效果设置为随机线条。

（2）把第2张幻灯片中"宇宙是广漠空间和其中"开始的段的行距设置为2行，段前和段后都设置为1行，并将该幻灯片的背景设置为红色（RGB为（255，0，0））。

3. 打开第5章素材中的"练习3.pptx"并按如下要求操作：

（1）在文稿的最后插入一张"空白"版式的幻灯片作为第3张幻灯片，把新幻灯片的背景设成“信纸”纹理，并在此幻灯片上加一个文本框，内容为“WPS Office 演示文稿”。

（2）把 WPS Office 演示文稿的第一张幻灯片的切换效果设置为水平百叶窗，中速，单击鼠标换页，打字机声音。

4. 打开第 5 章素材中的“练习 4.pptx”并按如下要求操作：

（1）在第 2 张幻灯片上插入一个箭头类动作按钮，并为该动作按钮进行动作设置，当单击动作按钮时，显示第 5 张幻灯片。

（2）把 WPS Office 演示文稿的第 3 张幻灯片的切换效果设置为自左侧平移，中速，等待 5 秒换页，照相机声音。

5. 打开第 5 章素材中的“练习 5.pptx”并按如下要求操作：

（1）把第 2 张幻灯片中的项目符号改成数字编号 1，2，3，…，且把 WPS Office 演示文稿的第 1 张幻灯片的切换效果设置为自顶部棋盘式，慢速，单击鼠标换页，无声音。

（2）添加第 1 张幻灯片的标题：“教学部所开课程”，字体为红色隶书，大小为 60，并设置第 1 张幻灯片背景纹理填充为“花束”。

二、综合应用

1. 在食品博览会上以幻灯片的形式宣传一种产品。

（1）包含知识点：制作与编辑幻灯片、插入对象、格式化与美化幻灯片、动画效果、超链接、动作按钮、幻灯片切换、播放演示文稿、演示文稿打包等。

（2）要求根据演示文稿主题和场合自行搜索素材，制作有声有色、图文并茂的演示文稿。在整个播放的过程中播放优美的音乐，以较好的效果宣传和推销产品，可以在没有安装 WPS Office 软件的计算机上播放。

2. 假如你要去应聘教师职位，请制作一试讲课件。

（1）包含知识点：演示文稿的基本操作、制作与编辑幻灯片、动画刷的使用、格式化与美化幻灯片、动画效果、超链接、设置动作、幻灯片切换、保存文件等。

（2）要求保存为 Microsoft PowerPoint 放映（*.ppsx）格式的文件。根据场合、观众和授课内容的特点搜集材料，恰当而合理地使用动画、切换效果、背景色彩等效果。

第 6 章　Python 程序设计基础

6.1　实验一：配置 Python 开发环境

1. 实验目的

（1）掌握 Python 解释器的下载和安装方法。
（2）掌握 Python 解释器的调试和运行方法。

2. 实验内容

（1）Python 解释器的下载和安装。
（2）Python 程序交互式启动和运行方法。
（3）Python 程序文件式启动和运行方法。
（4）尝试编写并运行 Python 小程序，实现简单的人机对话。

3. 实验参考步骤

（1）Python 解释器的下载和安装。
【参考步骤】

在浏览器地址栏中输入网址 www.python.org/downloads/，进入如图 6.1 所示的下载页面，根据所使用的操作系统选择不同版本进行下载。若要下载最新的稳定版本，则单击图 6.1 中标号为①的按钮；若要下载其他操作系统或特定的版本，则选择标号为②中的相应链接。

Linux 操作系统，一般会自带 Python。要检查 Python 是否已安装，可以在终端中输入命令"python"并查看输出。如果系统中已经安装 Python，则会输出 Python 的版本信息；如果未安装，则需要手动进行安装。安装方法是从 Python 官网上下载源码包，如图 6.2 所示，然后在 Linux 中进行编译和安装；也可以在终端中执行下述命令进行安装：

```
sudo apt-get install python3
```

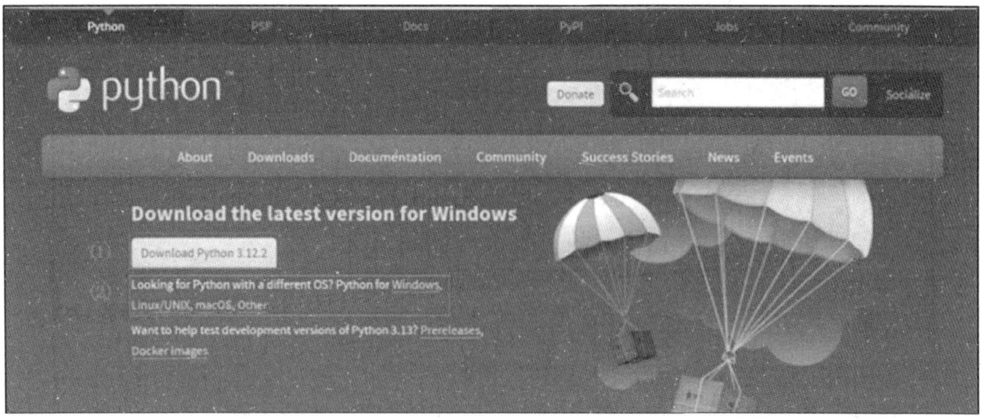

图 6.1　Python 下载页面

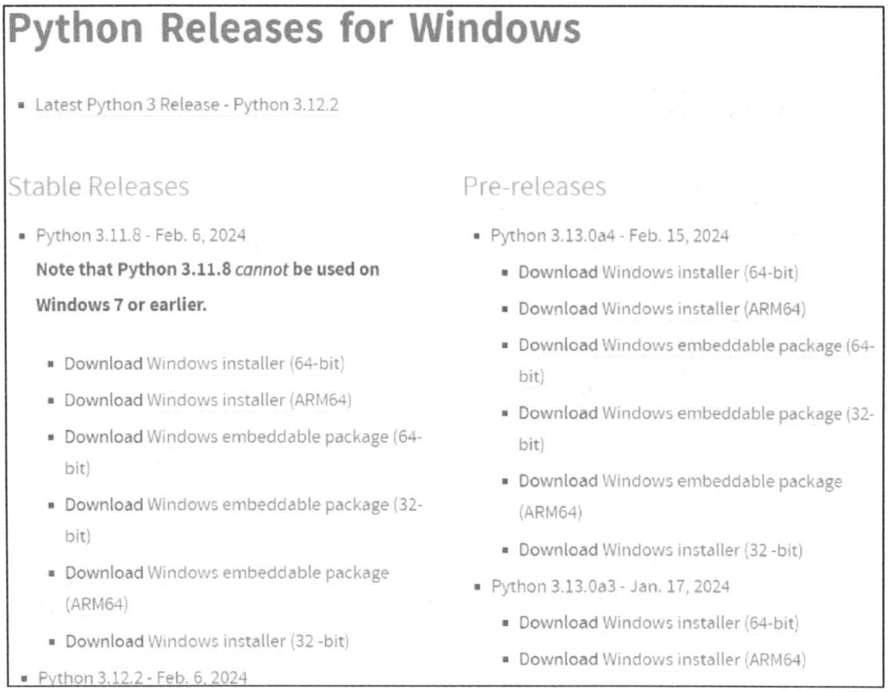

图 6.2　Linux 系统的 Python 版本

若是 Windows 操作系统，下载前需要了解计算机是 64 位或者 32 位系统，再选择合适的版本进行下载。以 “python−3.12.2” 版本为例，双击下载的 “python−3.12.2−amd64.exe” 文件，打开安装界面，如图 6.3 所示。勾选 “Add python.exe to PATH” 复选框，自动将 Python 解释器的路径添加到系统环境变量中，这样在命令行或终端窗口中可以直接运行 Python 解释器。单击 “Install Now” 选项进入自动安装过程；若单击 “Customize installation” 选项，则意味着用户自行选择安装内容和安装路径。

安装成功后将显示如图 6.4 所示的界面，单击 “Close” 按钮结束安装。

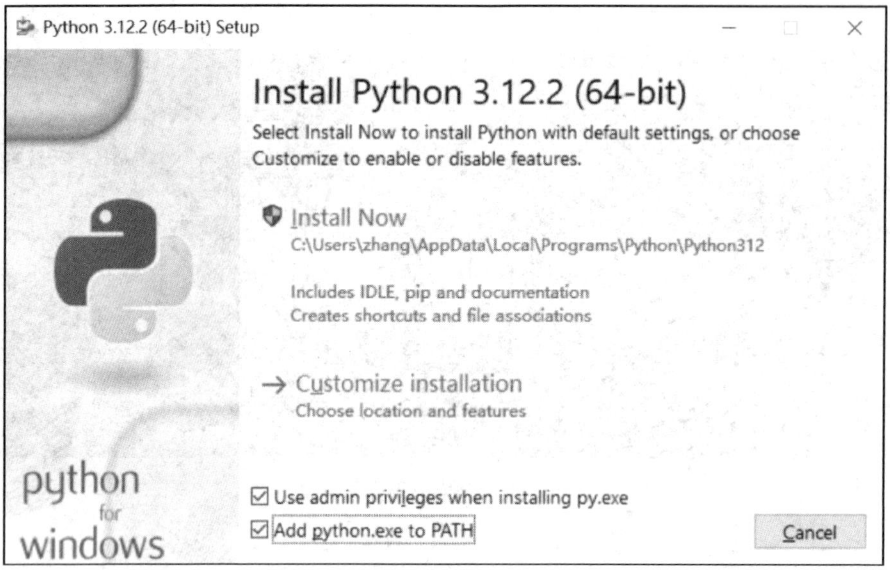

图 6.3 安装界面

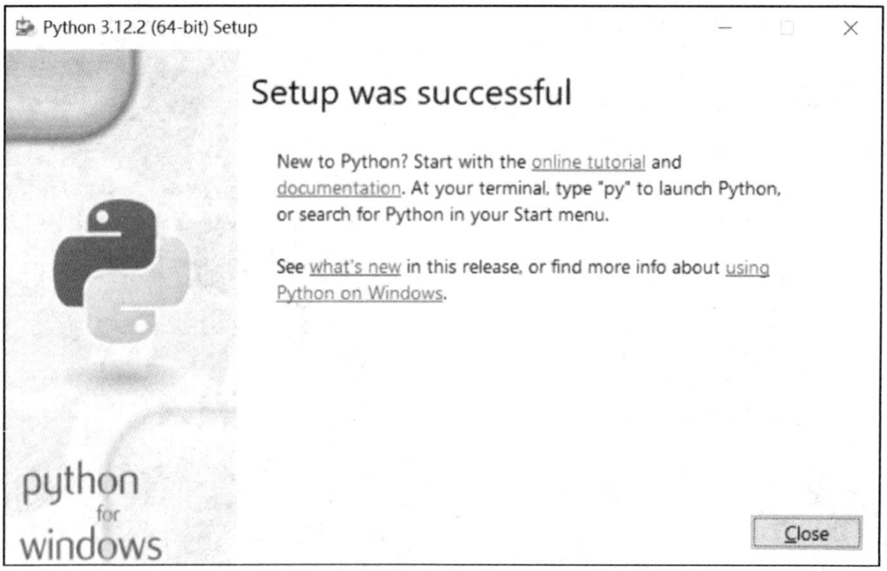

图 6.4 安装成功界面

在 macOS 系统中安装 Python 的方法与其他操作系统类似，主要区别在于下载安装包时需要选择适合 macOS 的版本。

（2）Python 程序交互式启动和运行方法。

【参考步骤】

在 Linux 操作系统中，启动 Python 3 版本的解释器需要在终端输入命令“Python3”。

在 Windows 操作系统中，启动 Python 有以下方法：

① 启动 Windows 命令行工具。

通过路径 <Windows 系统安装目录>\system32\cmd.exe，找到并双击 cmd.exe 文

件，在控制台输入命令 “Python”，然后按 Enter 键，待出现 “>>>” 命令提示符后，输入如下程序代码：

```
print("Hello World!")
```

按 Enter 键后显示输出结果 “Hello World！”，如图 6.5 所示。

在 “>>>” 命令提示符后输入：exit( ) 或者 quit( ) 即可退出运行环境。

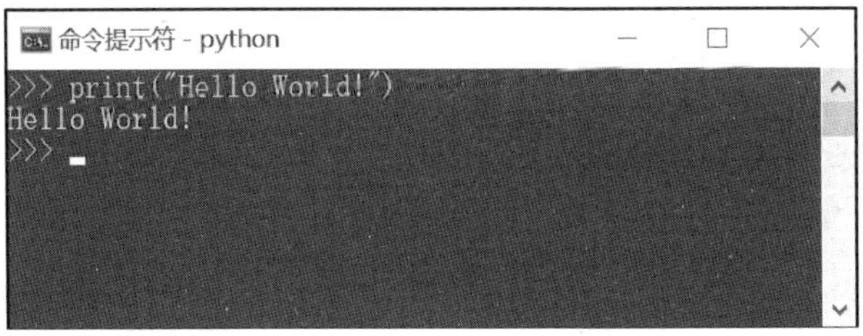

图 6.5　通过命令行启动 Python 运行环境

② 调用 IDLE，启动 Python 集成开发环境。

从开始菜单中选择 “Python3.12” | “IDLE” 选项，启动 Python 运行环境，在命令提示符 “>>>” 后输入：print("Hello World!")，按 Enter 键，解释器会执行该语句，输出相应的结果，如图 6.6 所示。

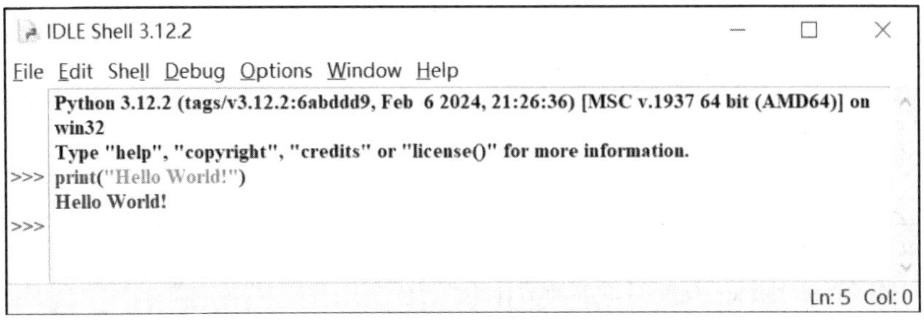

图 6.6　通过 IDLE 启动交互式运行环境

说明：此方式常用于 Python 简短代码的测试，由于该方式无法保存代码，所以便于后续修改。

（3）Python 程序文件式启动和运行方法。

【参考步骤】

在如图 6.6 所示的窗口中选择菜单 “File | New File” 选项（或按 Ctrl+N 快捷组合键），打开 Python 文本编辑器，输入如图 6.7 所示的代码。

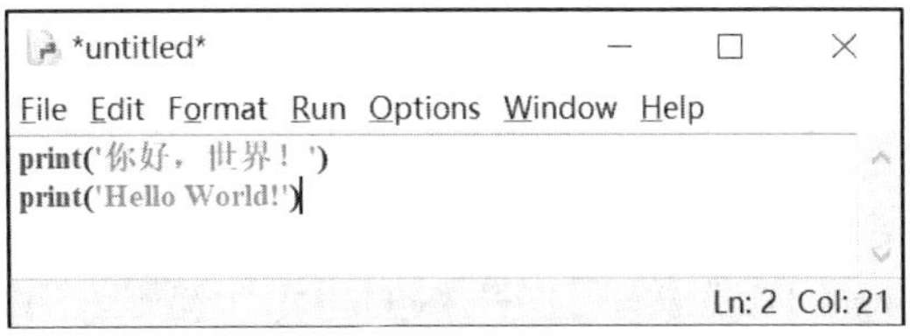

图 6.7　Python 文本编辑器

在菜单栏中选择“File”|“Save”命令，可创建扩展名为 .py 的 Python 程序文件，如图 6.8 所示。在菜单栏中选择“Run”|“Run Module”命令（或按 F5 键），可运行 Python 程序，运行结果如图 6.9 所示。

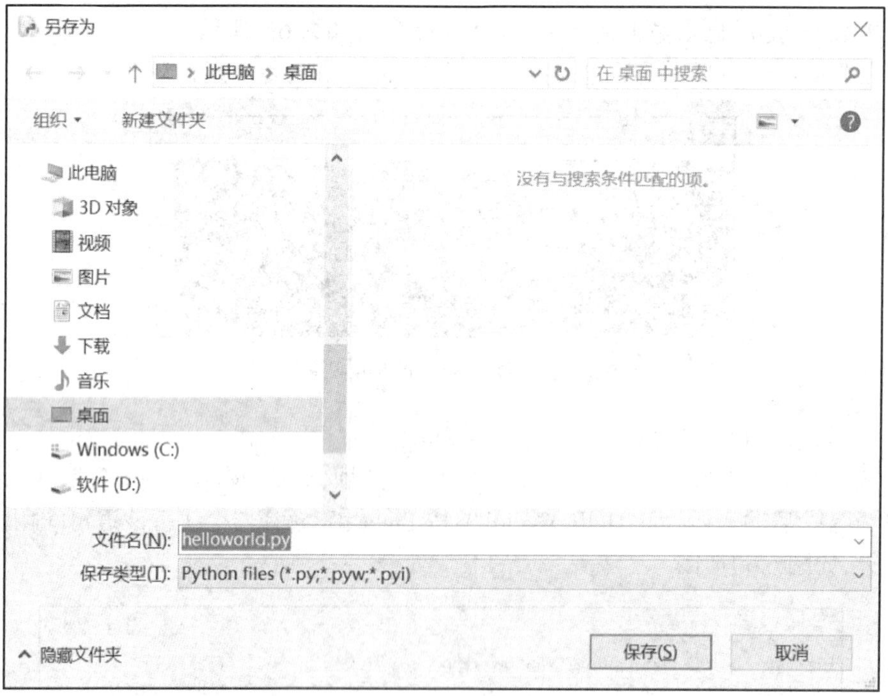

图 6.8　Python 文件保存对话框

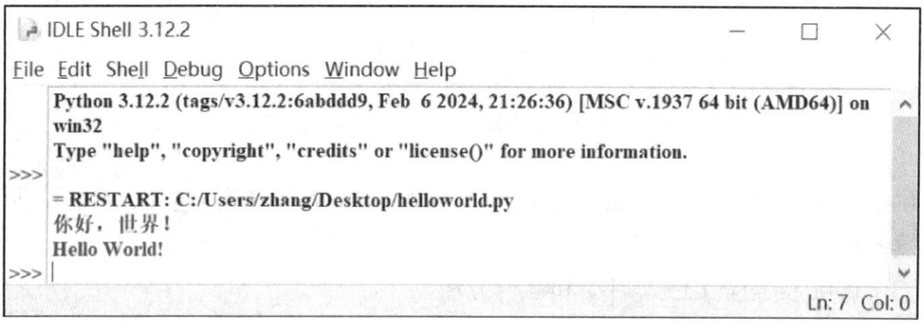

图 6.9　Hello World 程序运行结果

说明：文件式编程环境下，文件可以很方便地修改、保存并重新运行。适用于编程实践和开发。

（4）尝试编写并运行 Python 小程序，实现简单的人机对话。

【参考步骤】

① 人机对话的交互式执行过程如图 6.10 所示。

② 选择“File | New File”选项，打开 Python 文本编辑器，输入如图 6.11 所示的代码。保存并运行程序，运行结果如图 6.12 所示。

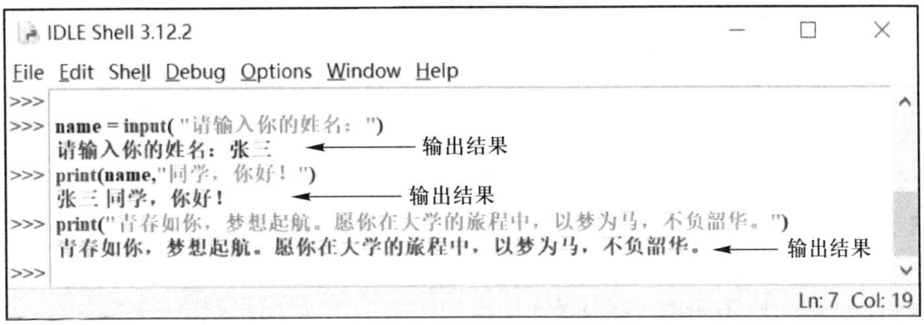

图 6.10 人机对话交互执行过程

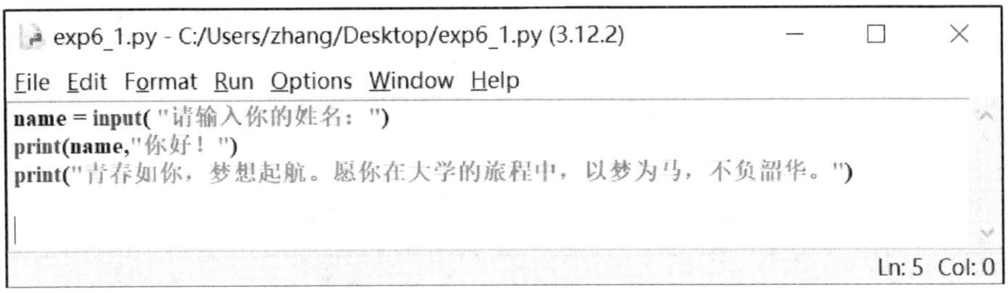

图 6.11 人机对话文件内容

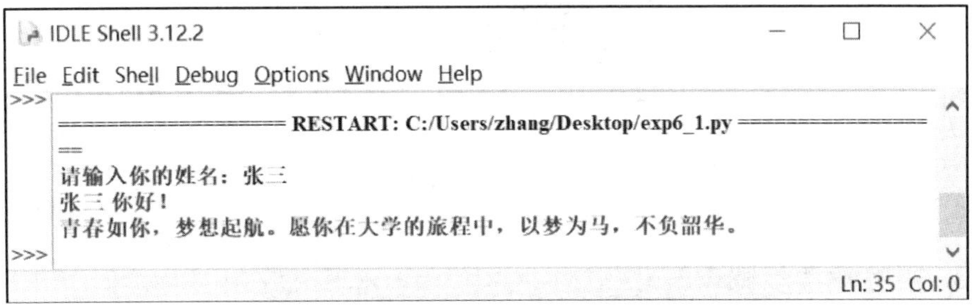

图 6.12 人机对话文件执行结果

6.2 实验二：程序的控制结构

1. 实验目的

（1）掌握 Python 程序设计的方法和步骤。
（2）掌握 Python 语言基础规则。
（3）掌握分支结构的用法，并能利用它解决实际问题。
（4）掌握 while、for 循环结构的用法，并能利用它解决实际问题。

2. 实验内容

（1）设计程序，输入圆的半径，计算并输出圆的面积和周长。

（2）设计程序，百分制转换为五级制。输入某门课程的百分制成绩 score，将其转换成对应五级制的评定等级 grade，评定条件如下：

- 大于或等于 90 分为“优秀”。
- 大于或等于 80 分且小于 90 分为“良好”。
- 大于或等于 70 分且小于 80 分且为“中等”。
- 大于或等于 60 分且小于 70 分且为“及格”。
- 小于 60 分为“不及格”。

（3）输出所有水仙花。水仙花数是指一个三位数，它的每个数位上的数字的 3 次幂之和等于它本身，例如 $153=1^3+5^3+7^3$。

（4）设计程序，计算银行存款利息。已知银行年存款利率为 1.7%，计算至少存多少年，10 万元存款连本带利达到 11 万元。

（5）设计程序，打印如图 6.13 所示的传统九九乘法表。

```
1*1=1
1*2=2	2*2=4
1*3=3	2*3=6	3*3=9
1*4=4	2*4=8	3*4=12	4*4=16
1*5=5	2*5=10	3*5=15	4*5=20	5*5=25
1*6=6	2*6=12	3*6=18	4*6=24	5*6=30	6*6=36
1*7=7	2*7=14	3*7=21	4*7=28	5*7=35	6*7=42	7*7=49
1*8=8	2*8=16	3*8=24	4*8=32	5*8=40	6*8=48	7*8=56	8*8=64
1*9=9	2*9=18	3*9=27	4*9=36	5*9=45	6*9=54	7*9=63	8*9=72	9*9=81
```

图 6.13　传统九九乘法表

3. 实验参考步骤

（1）设计程序，输入圆的半径，计算并输出圆的面积和周长。

【参考步骤】

分析：利用 input( ) 函数接收用户输入的半径；算术运算需要数值型数据，而 input( ) 函数得到的数据是字符型，可用 float( ) 函数将其转换成浮点型数据；圆的面积和周长可分别采用数学公式 $S=\pi r^2$，$l=2\pi r$ 计算；最后利用输出函数 print( ) 输出面积和周长。

① 编写程序。

在 IDLE 集成开发环境下，选择菜单“File|New File”选项（或按 Ctrl+N 快捷键），打开 Python 文本编辑器，输入如下代码：

```
# 输入圆的半径
radius = float(input("请输入圆的半径："))
```

```
# 计算圆的面积
area = 3.14 * radius**2
# 计算圆的周长
perimeter = 2 * 3.14 * radius
# 输出结果
print(" 圆的面积为：",area)
print(" 圆的周长为：",perimeter)
```

② 调试、运行程序。

在文本编辑器菜单栏中选择“Run”|“Run Module”命令(或按F5快捷键)，在Python集成开发环境运行建立的Python文件，输入和输出结果如图6.14所示。

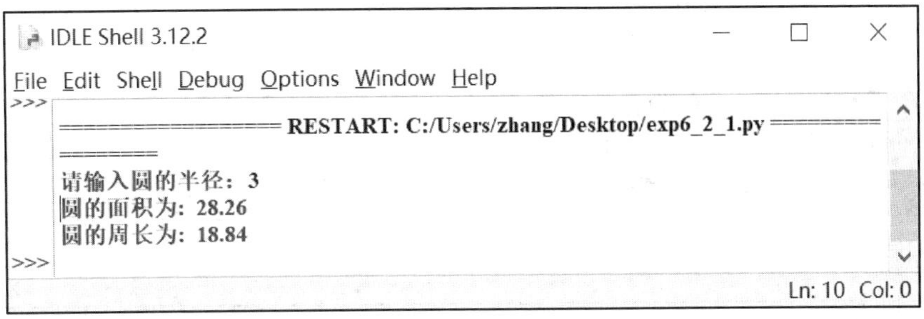

图 6.14 运行结果

说明：

① 在Python集成开发环境中的代码高亮，是编程的色彩辅助体系，不是语法要求。

② 以#开头的内容为注释，是用于提高代码可读性的辅助性文字，不被执行，可以不用输入。

③ Python一条语句占一行，每行语句后不用加分号。

(2) 设计程序，百分制转换为五级制。输入某门课程的百分制成绩score，将其转换成对应五级制的评定等级grade。

【参考步骤】

分析：当不同条件对应不同的输出时，适合使用多分支结构解决。

① 接收用户输入。

使用input()函数获取用户输入的百分制成绩，并使用float()函数将其转换为浮点数。

② 判断评定等级。

使用多分支结构“if-elif-else”判断输入的百分制成绩所对应的五级制评定等级。

③ 输出结果。

根据判断结果，使用print()函数将结果显示给用户。

程序代码如下：

```
# ① 接收用户输入
score = float(input("请输入百分制成绩："))
# ② 判断评定等级
if score >= 90:
      grade ="优秀"
elif score >= 80:
      grade ="良好"
elif score >= 70:
      grade ="中等"
elif score >= 60:
      grade ="及格"
else:
      grade ="不及格"
# ③ 输出结果
print("百分制成绩{}对应的五级制评定等级为：{}".format(score,grade))
```

程序运行结果如下：

```
请输入百分制成绩:85
百分制成绩 85.0 对应的五级制评定等级为:良好
```

思考：如果用单分支结构实现该功能，该如何编写代码？

（3）输出所有水仙花。水仙花数是指一个三位数，它的每个数位上的数字的 3 次幂之和等于它本身，例如 $153=1^3+5^3+7^3$。

【参考步骤】

分析：利用 range( ) 函数生成 100 ~ 999 的整数，将每个整数各位数字分离，再根据水仙花的特点进行判断。

程序代码如下：

```
for n in range(100,1000,1):
    a = n%10
    b = n%100//10
    c = n//100
    if n = = a**3+b**3+c**3:
         print(n,end='')
```

程序运行结果：

```
153 370 371 407
```

(4)设计程序,计算银行存款利息。已知银行年存款利率为1.7%,计算至少存多少年,10万元存款连本带利达到11万元。

【参考步骤】

分析:这是一个迭代问题,通过while循环来模拟存款连本带利的过程,每年存款金额会根据年利率增加,直到存款金额达到或超过目标金额为止。

程序代码如下:

```
deposit = 100000                          # 初始存款金额
annual_interest_rate = 0.017              # 年利率
target_amount = 110000                    # 目标金额
years = 0
while deposit < target_amount:
    deposit = deposit + deposit * annual_interest_rate
    years += 1
print("需要存款{0}年,存款金额达到{1:.2f}元.".format(years,deposit))
```

运行结果如下:

```
需要存款6年,存款金额达到或超过110643.45元。
```

(5)设计程序,打印如图6.13所示的传统九九乘法表。

【参考步骤】

分析:传统九九乘法表有行有列,每一行的乘数的值row是有规律的,都是在上一行乘数的基础上加1,并且同一行的乘数都是相同的;被乘数column的值从1变到row,每次增加1。可见乘数row相对稳定,被乘数column每一行都是从1变到row,可用嵌套循环,外循环变量用row表示,初值是1,终值是9;内循环变量用column来表示,初值是1,终值是row。该题知道循环的次数,最好用for循环,其中的循环体可表示为print("{}*{}={}\t".format(column,row,row * column),end=" ")。

程序代码如下:

```
for row in range(1,10):
    for column in range(1,row+1):
        print("{0:<1}*{1:<1}={2:<3}".format(column,row,row *
column),end="")
    print()
```

说明:

① 在一个循环体里包含另一个循环,就是嵌套循环。循环可以多层嵌套。进入循环后,一定将循环执行完才能退出循环,所以从外循环进入内循环后,一定将内循环执行完,才退出内循环,继续执行外循环。如果把外循环比作钟表的时针,那内循环就是秒针,时针走一格,秒针走一圈。即外循环执行一次,内循环执行一圈。

② print("{0:<1}*{1:<1}={2:<3}".format(column,row,row * column),end=" ") 这行语句中的“{2:<3}”，2 表示输出列表中的第 3 个参数，3 表示该参数占 3 列，“<”表示左对齐，右侧补空格。

思考：想一想，程序还可以如何编写？

6.3　实验三：Python 综合应用

1. 实验目的

（1）掌握 Python 标准函数库的导入和使用方法。

（2）掌握自定义函数的定义和调用方法。

（3）会读写文本文件。

（4）了解列表、集合等数据类型的应用。

（5）能够利用 turtle 绘制简单图形。

2. 实验内容

（1）素数是指在大于 1 的自然数中，除了 1 和它本身以外不再有其他因数的自然数。例如，2、3、5、7 等都是素数。请编写 is_prime(num) 函数实现判断一个数是否是素数，并调用该函数。

（2）绘制如图 6.15 所示的四边形彩色螺旋线。

图 6.15　彩色螺旋线

（3）salary.txt 文件中存放了某校部分教师的工资情况，包括序号、姓名、性别、职称、基本工资、薪级工资、补贴、水电费等数据，如图 6.16 所示。现要求如下。

① 向 salary.txt 中追加一条新的工资数据。

② 计算并输出每名教师的实发工资，实发工资 = 基本工资 + 薪级工资 + 补贴 − 水电费。

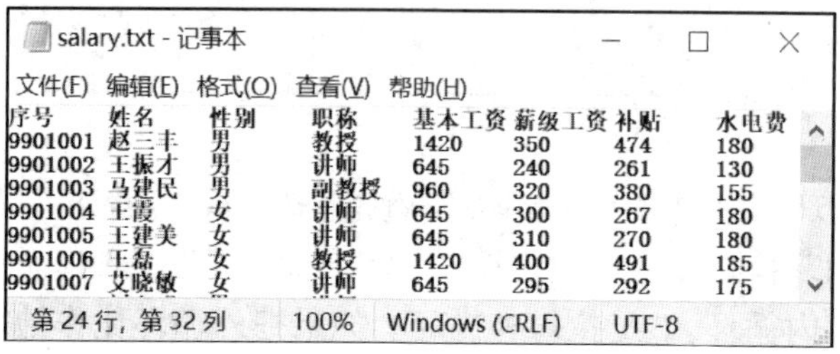

salary.txt - 记事本

文件(F)　编辑(E)　格式(O)　查看(V)　帮助(H)

序号	姓名	性别	职称	基本工资	薪级工资	补贴	水电费
9901001	赵三丰	男	教授	1420	350	474	180
9901002	王振才	男	讲师	645	240	261	130
9901003	马建民	男	副教授	960	320	380	155
9901004	王霞	女	讲师	645	300	267	180
9901005	王建美	女	讲师	645	310	270	180
9901006	王磊	女	教授	1420	400	491	185
9901007	艾晓敏	女	讲师	645	295	292	175

第 24 行，第 32 列　100%　Windows (CRLF)　UTF-8

图 6.16　salary.txt 文件部分内容

3. 实验参考步骤

（1）素数是指在大于 1 的自然数中，除了 1 和它本身以外不再有其他因数的自然数。例如，2、3、5、7 等都是素数。请编写 is_prime(num) 函数实现判断一个数是否是素数，并调用该函数。

【参考步骤】

分析：is_prime(num) 函数接收一个整数作为参数，在函数内部，判断该整数是否大于 1，因为素数必须大于 1；使用 for 循环遍历从 2 到该数的平方根的所有整数，检查是否有能整除该数的整数；如果存在能整除该数的整数，则该数不是素数；否则，该数是素数。最后返回判断结果。

程序代码如下：

```
import math
def is_prime(num):
      if num <= 1:
           return False
      for i in range(2,int(math.sqrt(num))+ 1):
           if(num%i)== 0:
               return False
      return True
# 测试
num = 57
if is_prime(num):
      print("{} 是素数 ".format(num))
else:
      print("{} 不是素数 ".format(num))
```

运行结果如下：

```
57 不是素数
```

说明：math.sqrt(num) 这部分使用了 Python 的内置数学模块 math 中的 sqrt( ) 函数，用于计算一个数的平方根，结果可能是一个浮点数。在素数判断中只需要整数部分作为边界值，因此 int( ) 函数将得到的平方根转换为整数。函数首先排除了小于或等于 1 的所有数，然后只需检查到该数的平方根即可，因为如果一个数不是素数，它的因数一定在自身的平方根左右对称，这样可以减少循环的次数，从而提高效率。

（2）绘制如图 6.15 所示的四边形彩色螺旋线。

【参考步骤】

分析：在绘制四边形螺旋线时，可以通过控制四个边的长度和旋转角度来实现不同形状的螺旋线。具体方法：沿着当前方向画一条边，再旋转 90°，改变方向；重复上述步骤,直到达到所需的螺旋线形状,注意绘制的边长长度需逐渐增加。

程序代码如下:

```
import turtle
# 设置初始颜色 colors 列表
colors = ['red','orange','yellow','green','blue','purple']
# 定义旋转角度和初始边长
angle = 90
length = 3
# 绘制彩色螺旋线
for i in range(100):
      turtle.pencolor(colors[i%6])# 循环选择颜色
      # 每次向前移动的距离为 length*i,随着循环次数增加,边长长度逐渐
增加。
      turtle.forward(length *i)
      turtle.right(angle)  # 每次旋转的角度为 angle,控制螺旋线的
                             旋转方向。
turtle.hideturtle()          # 隐藏 turtle 并保持窗口打开
turtle.done()
```

说明:通过不同的边长和旋转角度的组合,可以绘制出各种不同形状的螺旋线,包括三角形螺旋线、五边形螺旋线、六边形螺旋线等。

思考:试着将 angle 修改成不同的值,观察得到什么样的螺旋线?

(3) salary.txt 文件中存放了某校部分教师的工资情况,包括序号、姓名、性别、职称、基本工资、薪级工资、补贴、水电费等数据,如图 6.16 所示。现要求如下:

① 向 salary.txt 中追加一条新的工资数据。

② 计算并输出每名教师的实发工资,实发工资 = 基本工资 + 薪级工资 + 补贴 - 水电费。

【参考步骤】

分析:首先使用追加写入模式"a"打开文件,利用 write( ) 向文件中写入一个字符串;再以读"r"模式打开文件,通过 readlines 读取所有工资行,逐行计算实发工资。

程序代码:

```
fa = open('salary.txt','a',encoding='utf-8')  # 以追加写的模式
打开文本文件 salary.txt
tdata=['9901016','李 俪','女','讲 师','680','200','276','150']
                                    # 新工资数据组成的列表 tdata
fa.write('\t'.join(tdata)+'\n')     # 将 tdata 列 表 元 素 以 '\t' 为
                                      分隔符合成字符写入文件
fa.close( )
```

```
fr = open('salary.txt','r',encoding='utf-8')
                                           # 以读模式打开文本文件 salary.txt
fr.readline( )                             # 读第 1 行标题
for line in fr.readlines( ):               #fr.readlines( ) 获取所有行,以
                                            每行为元素形成列表
    if line =="":
        continue                           # 忽略空行
    s = line.strip( )                      # 去掉每行前后两端的空白字符
    datas = s.split('\t')                  # 按照'\t 字符分隔数据项
    amount = int(datas[4])+int(datas[5])+int(datas[6])-int(datas[7])
    print(datas[1],amount)
```

程序运行结果:

```
赵三丰 2064
王振才 1016
……
李俪 1006
```

说明:

① join( ) 函数的用法:'sep'.join(iterable),以 sep 字符作为分隔符,将可迭代对象 iterable 所有的元素合并成一个新的字符串。

② s.split('sep') 将字符串 s 按照 sep 字符进行分隔,得到分隔后的列表,如 ['9901016',' 李俪 ',' 女 ',' 讲师 ','680','200','276','150'] 列表中的每个元素都是字符串,因此需要 int 函数将基本工资等转换为整数 int(datas[4])。

本章实验小结

(1)运行 Python 程序有两种方式:交互式和文件式。

① 交互式指 Python 解释器即时响应用户输入的每条代码,给出输出结果。

② 文件式,也称为批量式,指用户将 Python 程序写在一个或多个文件中,然后启动 Python 解释器批量执行文件中的代码。

③ 交互式一般用于调试少量代码,文件式则是最常用的编程方式。

(2)计算机的一个程序由若干语句组成,这些语句用来完成特定的任务。程序中的语句可以由顺序结构、选择结构和循环结构三种基本结构组成。

① 顺序结构:是指程序按照语句顺序自上而下,依次执行的一种运行方式。

② 选择结构:根据判断条件的结果而选择不同向前路径的运行方式。Python 的选择结构包括 if、if-else、if-elif-else 三种语句形式。

③ 循环结构：是程序根据条件判断结果反复执行的一种运行方式。Python 的循环语句主要包括 for 和 while 循环。for 循环主要用于循环次数已知的情况，while 循环用于不知道循环次数的情况。

（3）函数的使用。

① Python 提供了内置函数，比如 input( )、print( )、range( ) 等，这些函数不需要引用可以直接使用。

② 除了内置函数，有些函数是用户自己编写的，称为自定义函数。函数需要先定义后调用。

（4）文件操作。

① Python 对文本文件和二进制文件采用统一的操作步骤：打开→操作→关闭。

② Python 提供了多个读文本文件的方法，包括 read( )、readline( ) 和 readlines( )。

③ writelines(lines) 将一个元素全为字符串的列表写入文件。

（5）turtle 库绘制图形：海龟在画笔上游走，所经过的痕迹就形成了图形。

① turtle.fd( )、turtle.bk( )、turtle.goto( ) 等函数可以控制海龟的运动。

② turtle.right( )、turtle.left( ) 控制海龟的转向。

应用练习

（1）编写程序，输入一个年份，判断该年份是否是闰年并输出结果。凡符合下面两个条件之一的是闰年，能被 4 整除但不能被 100 整除；能被 400 整除。

（2）编写程序，求正方形数列 1、4、9、16、25、36、49、…的和，项数由键盘输入。

（3）小猴在一天摘了若干个桃子，当天吃掉一半多一个；第二天接着吃了剩下的桃子的一半多一个；以后每天都吃尚存桃子的一半零一个；到第 7 天早上要吃时只剩下一个了。要求编写适当的程序代码，使程序运行后，计算小猴那天共摘下了多少个桃子。

（4）编写程序，计算 1！+2！+3！+…+10!。

（5）编写程序，利用 turtle 库绘制如图 6.17 所示的彩色图形。

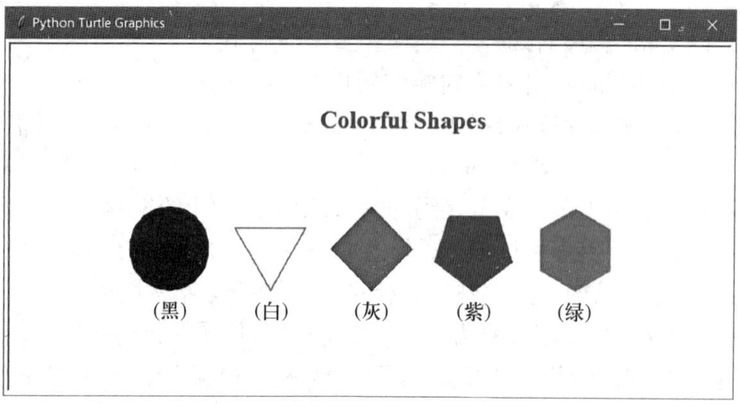

图 6.17　彩色图形

第 7 章　人工智能技术的应用

7.1　实验一：中文分词

1. 实验目的

（1）了解自然语言处理方法和技术。
（2）体验自然语言处理技术的应用。
（3）掌握 jieba 库分词的方法。
（4）掌握 wordcloud 库制作词云的方法。

2. 实验内容

运用 jieba 库和 wordcloud 库分析本年度政府工作报告（report.txt）的高频词，选用一个 mask 图片，定制个性化的词云，词云效果如图 7.1 所示。

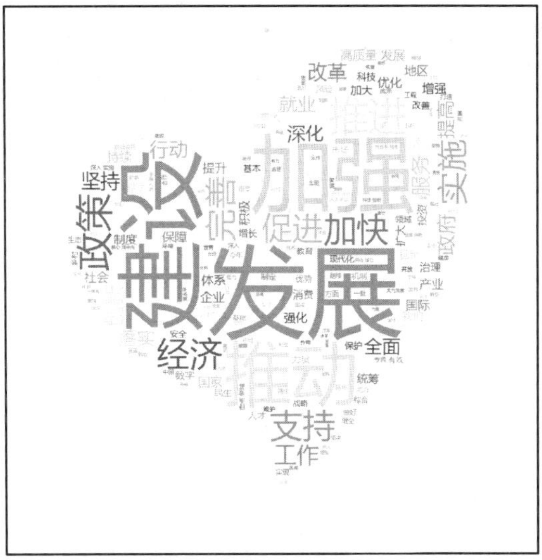

图 7.1　政府工作报告词云

3. 实验参考步骤

分析：分词是自然语言处理的基础。分词就是将句子、段落和文章这种长文本，分解为以字词为单位的数据结构，方便后续的处理分析工作。与英文文本不同，由于中文词语之间无间隔，需要进行分词处理。jieba 库是优秀的中文分词第三方库。利用一个中文词库，确定汉字之间的关联概率，汉字间概率大的组成词组，形成分词结果。

中文词云的制作步骤：首先，读取文本文件，将其内容保存到一个字符串中。然后，使用 jieba 库对字符串分词处理，将文本分割成单词或词组。最后，使用 wordcloud 库生成词云图像。

本题中需要用到中文分词库 jieba，词云 wordcloud 和处理图像的库 imageio。

① 安装第三方库。由于 jieba 库、wordcloud、imageio 库都是 Python 的第三方库，需要通过 pip 工具下载并安装。找到 <Windows 系统安装目录 >\system32\cmd.exe，双击 cmd.exe，在控制台输入如下代码：

```
pip install jieba
```

当出现类似 “Successfully installed jieba–0.42.1” 时，jieba 库安装成功，如图 7.2 所示。

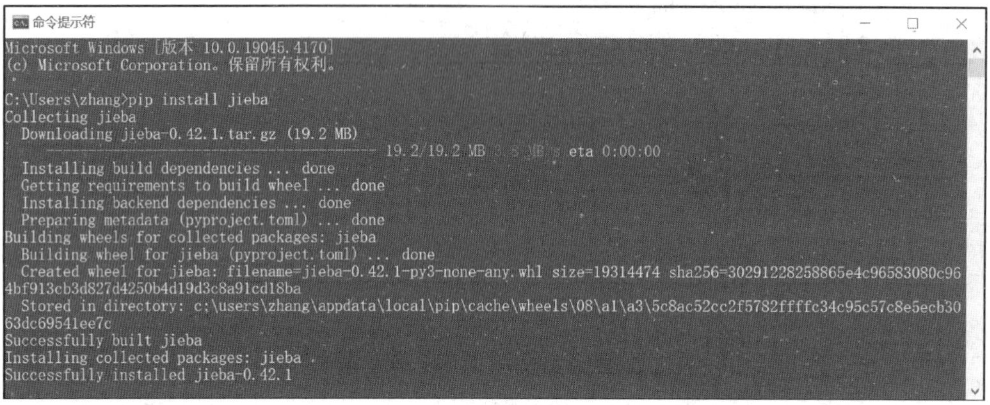

图 7.2　jieba 库安装界面

同样的方法安装 wordcloud 和 imageio 库。安装成功后，程序中需要导入这些库，才能调用其中的各类函数。

② 编写代码。程序代码如下：

```
import wordcloud
import jieba
from imageio.v3 import imread
mask = imread('heart.png')
# 读取政府工作报告文本
with open('report.txt','r',encoding='utf-8')as file:
```

```
    text = file.read()
# 分词处理
words = jieba.cut(text)
# 过滤掉长度小于 2 的词
words = [word for word in words if len(word)> 1]
txt = ''.join(words)
# 生成词云
w = wordcloud.WordCloud(width=800,height=400,
                         background_color='white',
                         font_path='msyh.ttc',mask=mask)
w.generate(txt)
w.to_file('report.png')# 保存词云图片
```

③ 调试运行程序。生成的词云如图 7.1 所示。

说明:

① [word for word in words if len(word)> 1] 语句使用了列表推导式。列表推导式是 Python 中一种简洁的语法,用于快速创建新的列表。通过列表推导式,可以在一行代码中生成一个新的列表,而不需要使用传统的 for 循环语句。

words = [word for word in words if len(word)> 1] 和下列语句功能相同。

```
ls = []
for word in words:
    if len(word)>1:
        ls.append(word)
words = ls
```

② words = [word for word in words if len(word)> 1] 语句的作用是去除长度为 1 的词(如“的”“是”等),只保留有意义的词语。

③ 生成词云的步骤为:首先,创建词云对象,设置词云的样式、颜色、大小等参数,其中,mask 参数指定词云形状,需要引入 imageio 库中的 imread 函数来加载形状图像;然后,加载词云文本;最后,输出词云文件。

7.2 实验二:语音合成

1. 实验目的

(1)了解语音处理的相关技术。

(2)了解语音处理的相关应用。

（3）能够利用 Python 第三方库进行语音合成。

2. 实验内容

利用 pyttsx3 库实现语音合成的功能。

3. 实验参考步骤

分析：语音合成，一般又称为文语转换（text-to-speech）技术，是指将文字信息转化为相应语音朗读出来，即通过一定的硬件、软件将文本转换为语音，并由计算机或电话语音系统等输出语音的过程，并尽量使合成的语音具有良好的自然度与可懂度。pyttsx3 是 Python 的一个第三方库，能够将文本转换为语音。它可以在不同的操作系统上运行，并且提供了一些可定制的选项，例如音量、语速和语言引擎的选择等。

（1）要使用 pyttsx3 库，首先需要安装它。可以使用 pip 命令来安装 pyttsx3 库，启动命令行工具并执行以下命令：

```
pip install pyttsx3
```

（2）导入 pyttsx3 库。

```
import pyttsx3
```

（3）完整代码如下：

```
import pyttsx3
engine = pyttsx3.init( )                        # 初始化语音引擎
txt = input('请输入一段文本：')
engine.setProperty('rate',100)                  # 设置语速
engine.setProperty('volume',0.8)                # 设置音量
# 获取本地支持的语音合成引擎列表
voices = engine.getProperty('voices')
# 设置第一个语音合成器，即 Huihui
engine.setProperty('voice',voices[0].id)
engine.say(txt)
engine.save_to_file(txt,'output.mp3')
engine.runAndWait( )
```

说明：

（1）engine = pyttsx3.init( )：prttsx3 通过初始化来获取语音引擎，返回一个 engine 对象。

（2）设置语速、音量等参数：engine.setProperty(参数，值)，参数值如下：

① rate：设置语速，默认值为 200，即每分钟 200 个单词。

② volume：设置音量，默认值为 1，即当前最大的音量，0.8 表示当前音量的 80%。

③ voice：设置声音。值可以是声音对应的 id。

语句 engine.setProperty('voice',voices[0].id) 设置成 Huihui 语音引擎，能够识别中英文及数字字符。

（3）获取语速、音量等参数值：engine.getProperty(参数)，其参数包括 rate、volume、voices 等。当参数为 voices 时，获取到的是本地支持的语音合成引擎列表，包括以下 3 种：

① Huihui，支持中文、数字和英文，即使混杂也可以识别依序读取。数字是中文读音，十进制读法。

② Zira，支持数字和英文，中文会被跳过。数字是英语读音，单独的数字会作为十进制读法，而混杂过程中会逐位读出。

③ Haruka，支持日语、数字和英文，中文会被跳过。数字是日语读音。

（4）语句 engine.say(txt) 将 txt 参数的字符串合成语音，并直接播放。

（5）语句 engine.save_to_file(txt,'output.mp3') 将 txt 参数的字符串合成语音，保存到"output.mp3"文件中。

（6）engine.runAndWait() 等待语音播放完毕，关闭语音引擎。

【思考】试着修改语速、音量等参数，对比语音合成的效果。

7.3 实验三：图像处理

1. 实验目的

（1）了解图像处理的相关技术。

（2）会利用 PIL 进行图像变形、滤镜等简单图像处理。

2. 实验内容

（1）读取图像，改变图像的尺寸。

（2）读取图像，对图像进行旋转、裁剪等变形，保存变形后的图像。

（3）把一幅图像的 4 个副本排列成 2×2 网格：在左上方的副本是原始图像，而画面右上方、左下方、右下方则分别使用模块 PIL.ImageFilter 中定义的内置过滤器 CONTOUR、EMBOSS、FIND_EDGES 进行过滤。

3. 实验参考步骤

（1）读取图像，改变图像的尺寸。

【参考步骤】

① 安装 PIL。启动命令行工具并执行命令 pip install Pillow。

② 使用 PIL.Image 模块的 open( ) 函数打开一个图像，返回一个图像对象 img；图像对象的 resize( ) 方法用于调整图像大小；调用图像对象的 show( ) 方法，在屏幕上显示图像。

程序代码如下：

```
import PIL.Image
img = PIL.Image.open("dog.jpg")   # 打开，返回图像对象
width = img.size[0]//3            # 原图片宽度的 1/3
height = img.size[1]//3           # 原图片高度的 1/3
om = img.resize((width,height))   # 修改图片尺寸
om.show( )
```

运行结果如图 7.3 所示。

图 7.3　小狗

说明：图像的 size 属性可以获得图片的尺寸（width，height），元组类型。resize 方法的参数是元组类型，指图片缩放后的尺寸，其中高度和宽度数值必须是整数。

（2）读取图像，对图像进行旋转、裁剪等变形，保存变形后的图像。

【参考步骤】

分析：变形操作包括对图片的旋转、裁剪、复制和粘贴一系列操作。图像对象的 copy( ) 方法用于复制图像；crop( ) 方法用于剪裁图像；rotate( ) 用于旋转图像；paste( ) 方法用于将一个图像粘贴（覆盖）在另一个图像上面。

程序代码如下：

```
from PIL import Image
img = Image.open("dog.jpg")        # 打开 dog.jpg
img1 = img.rotate(30)              # 旋转 30°
img1.save("dog_rot.jpg")           # 保存旋转后的图像
img2 = img.crop((0,0,400,400))     # 保留 (0,0,400,400) 区域的图像
img2.save("dog_crop.jpg")          # 保存裁剪后的图像
```

旋转和裁剪后的图片分别如图 7.4、图 7.5 所示。

说明：rotate(角度) 方法，角度为正值时以逆时针方向旋转，为负值时以顺时针方向旋转，可以通过调整角度，让图片水平或垂直方向翻转。crop((0,0,400,400)) 参数是 4 元素的元组，前 2 个数字表示裁剪区域的左上角像素坐标，后 2 个数字表示裁剪区域的右下角像素坐标。

（3）把一幅图像的 4 个副本排列成 2×2 网格：在左上方的副本是原始图像，而画面右上方、左下方、右下方则分别使用模块 PIL.ImageFilter 中定义的内置过滤器 CONTOUR、EMBOSS、FIND_EDGES 进行过滤。

图 7.4 旋转后的图片

图 7.5 裁剪后的图片

【参考步骤】

分析:可以像 PS 一样给图片添加滤镜,并且可以调整图片的对比度、色调等信息。ImageFilter 模块提供有各种滤镜对象,例如:BLUR 模糊效果、CONTOUR 轮廓效果、EMBOSS 浮雕效果、FIND_EDGES 边界效果、SMOOTH 平滑效果等,图片使用滤镜后会返回一个图片副本。

程序代码如下:

```
import PIL.Image
import PIL.ImageFilter
im = PIL.Image.open("dog.jpg")
width,height = im.size
# 创建新图像,大小为原始图像的 4 倍
res = PIL.Image.new(im.mode,(2*width,2*height))
# 把原始图像放置在左上角
res.paste(im,(0,0,width,height))
# 把轮廓过滤 CONTOUR 的图像放置在右上角
contour = im.filter(PIL.ImageFilter.CONTOUR)
res.paste(contour,(width,0,2*width,height))
# 把浮雕过滤 EMBOSS 的图像放置在左下角
emboss = im.filter(PIL.ImageFilter.EMBOSS)
res.paste(emboss,(0,height,width,2*height))
# 把边缘过滤 FIND_EDGES 的图像放置在右下角
edges = im.filter(PIL.ImageFilter.FIND_EDGES)
res.paste(edges,(width,height,2*width,2*height))
# 显示结果图像
res.show( )
```

运行结果如图 7.6 所示。

图 7.6 图片过滤效果

说明：图像处理，顾名思义就是对图像进行处理。它包括了对图像的增强、滤波、修复等，目的是让图像更美观、更易于分析。而机器视觉则是让机器能够像人类一样通过摄像头等设备来感知和理解图像的过程。它可以用来识别物体、检测运动、测量距离等。

图像处理是机器视觉的一个重要组成部分。在机器视觉中，图像处理技术被广泛应用。比如，让机器来识别人脸的时候，首先就得对图像进行处理，提取出人脸的特征，然后再通过比对来判断是不是同一个人。这个过程中，图像处理技术起到了至关重要的作用。

图像处理也可以为机器视觉提供一些基础工具。比如说，图像处理中的边缘检测、图像分割等技术可以帮助机器视觉系统更好地理解图像。有了这些工具，机器就能够更准确地检测物体的边缘、分离出不同的物体等。

7.4 实验四：人脸识别

1. 实验目的

（1）了解人脸识别的相关技术。
（2）了解人脸识别的应用。
（3）学会安装 OpenCV 搭建人脸识别的开发环境。
（4）利用 OpenCV 编写代码实现人脸检测的功能。

2. 实验内容

利用 OpenCV 检测给定图像中的所有人脸。

3. 实验参考步骤

分析：人脸识别是指利用人的脸部特征信息来进行识别的一种人工智能领域的技术。人脸识别又被称为面部识别或人像识别。该项技术的关键在于核心的识别算法可以保证识别的准确率和识别速度，从而满足实时识别和实际使用的需求。人脸识别技术应用很广，如人脸支付、人脸开卡、人脸登录、VIP 人脸识别、人脸签到、人脸考勤、人脸闸机、会员识别、安防监控、相册分类、人脸美颜等。

人脸识别的第一步是训练人脸分类器，这是一个耗时耗力的过程，需要收集大量的样本。经过训练的分类器就可以进行人脸识别了。

OpenCV 是一个开源的计算机视觉和机器学习软件库，可以运行在 Linux、Windows、Android 和 Mac OS 操作系统上，同时提供了 Python、Ruby、MATLAB 等语言的接口，实现了图像处理和计算机视觉方面的很多通用算法。

OpenCV 提供了人脸识别实现函数以及训练好的分类器数据，这些数据可以在 OpenCV 的安装目录中找到。

（1）安装 OpenCV，启动命令行工具并执行命令：pip install opencv-python。

（2）在 OpenCV 的安装目录下（…\venv\Lib\site-packages\cv2\data）找到分类器。本例使用的分类器为 haarcascade_frontalface_default.xml，将其复制到当前程序同一目录下。

（3）编写代码。程序代码如下：

```
import cv2
# 读取图像
img = cv2.imread('face.png')
# 灰度化图像
gray_img = cv2.cvtColor(img,cv2.COLOR_BGR2GRAY)
# 创建分类器对象
face_cascade = cv2.CascadeClassifier('haarcascade_
frontalface_default.xml')
faces = face_cascade.detectMultiScale(gray_img,scaleFactor
=1.36,minNeighbors=1)
# 给脸部绘制矩形
for x,y,w,h in faces:
    img = cv2.rectangle(img,(x,y),(x+w,y+h),(0,255,0),3)
cv2.imshow('detection',img)
```

```
cv2.waitKey(0)
cv2.destroyAllWindows( )
```

（4）运行程序，得到检测结果，如图 7.7 所示。

图 7.7 人脸检测结果

本章实验小结

人工智能技术是先进、前沿的，同时也在各行各业得到了广泛的应用，与我们的生活息息相关。通过本章的 4 个实验，实现了中文分词、语音合成、图像处理和人脸识别的功能，加深了对人工智能相关技术的认识。面对人工智能，我们要保持充足的好奇心与敬畏之心，认识它、掌握它，才能更好地利用它。

应用练习

（1）体验生活中的人脸支付、人脸考勤等机器视觉技术的应用。

（2）体验智能手机的智能唤醒功能。

（3）体验百度翻译、ChatGPT 等自然语言处理技术的应用。

第 8 章　其他新技术的应用

8.1　实验一：百度网盘的申请和使用

1. 实验目的

（1）了解云计算技术。

（2）了解云计算在社会生活中的应用。

（3）体验云计算带来的便利。

2. 实验内容

百度网盘的申请和使用。

3. 实验参考步骤

分析：云存储服务是云计算的典型应用。云存储就是将存储资源放到云上供人存取的一种新兴方案。使用者可以在任何时间、任何地方，通过任何可联网的装置连接到云上方便地存取数据。它大大减少了用户携带物理存储设备的烦恼，同时方便了用户对存储资源的管理和维护。

百度云是由百度公司推出的一项云存储服务，已覆盖主流的操作系统，包括Windows、Android、iOS 等。用户可以轻松将自己的文件上传到百度网盘，并可以跨终端随时随地查看和分享文件。

【参考步骤】

（1）登录百度网盘。

在浏览器地址栏中输入：www.baidu.com，进入百度主页，选择“网盘”进入百度网盘页面，单击“去登录”，弹出登录界面，如图 8.1 所示。如果有百度账号，可直接登

图 8.1　百度网盘登录页面

录；如果没有则单击“立即注册”，然后按照提示完成注册操作。

（2）百度网盘的使用。

登录百度网盘客户端，进入百度网盘主界面后可看到百度网盘主要有四大功能：上传、新建文件夹、新建在线文档和离线下载，如图 8.2 所示。

图 8.2　百度网盘主界面

单击“新建文件夹”，新建一个文件夹，并命名为“大学计算机”。选择该文件夹，会看到界面上方出现了“下载”“分享”“删除”等选项，如图 8.3 所示。单击“下载”，可以将文件或文件夹下载到本地；单击“删除”可以把文件或文件夹删除。

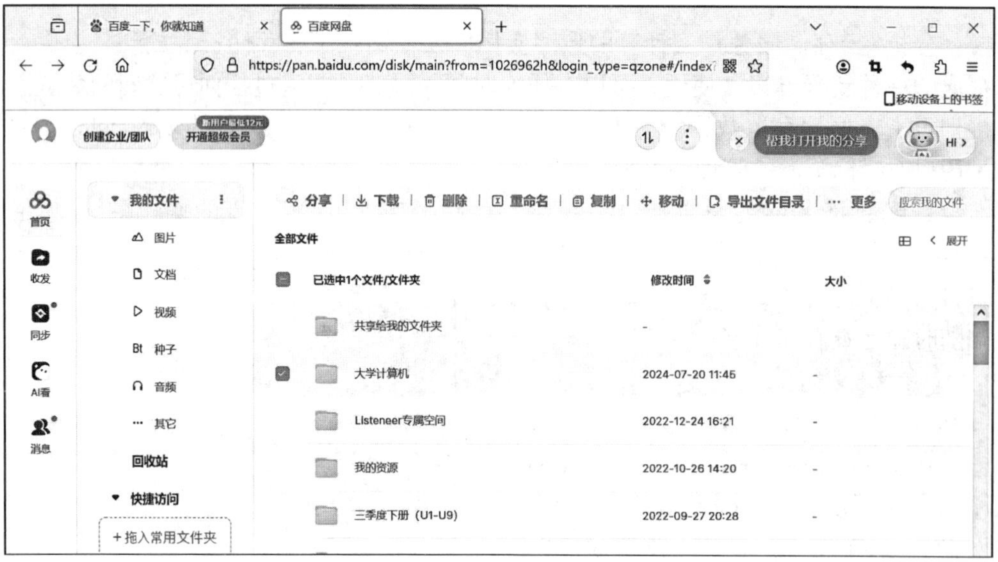

图 8.3　文件或文件夹的基本操作

用户可以创建分享链接，将链接和密码同时发给需要的人，以实现文件或文件夹的共享，如图 8.4 所示。

图 8.4 创建分享链接

打开“大学计算机”文件夹，单击“上传”，将课件或实验结果上传到该文件夹，如图 8.5 所示。

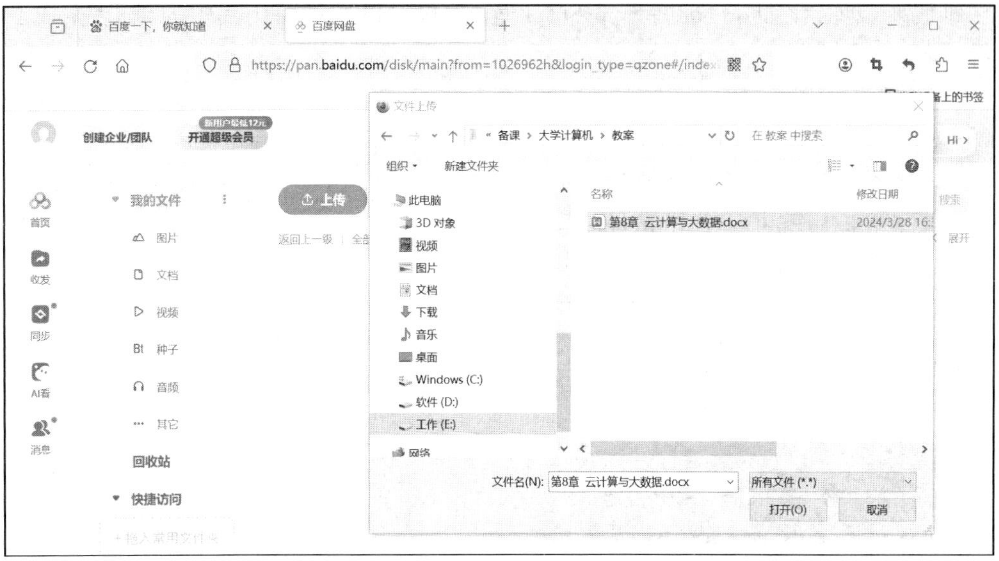

图 8.5 上传文件

8.2 实验二：生成二维码

1. 实验目的

（1）理解物联网的特征及典型应用。
（2）了解物联网的标识技术，能够利用 Python 第三方库生成二维码。
（3）了解区块链的应用。

2. 实验内容

利用 Python 的第三方库 qrcode 生成一个网络连接的二维码。

3. 实验参考步骤

分析：一个二维码能用来做什么？它不仅能用来扫码付费还能解决物品在跨组织流通、运输以及传递过程中的协同问题。二维码技术是物联网感知层基本和关键的技术之一。二维码也叫二维条码或二维条形码，是用某种特定的几何图形按一定规律在平面（二维方向上）分布的、黑白相间的、记录信息的图形。

二维码的生成可以基于“二维码的数据编码”规则来实现。但该方法工作量大，对于普通用户没有必要从零开始编程实现二维码。实际上，Python 提供了强大的二维码函数库，比如 qrcode 库和 pyStrich 库，用户可以通过引用其中的函数，生成二维码。

【参考步骤】

（1）qrcode 库是 Python 的第三方库，需要使用 pip 工具进行安装。

启动命令行工具并执行命令：pip install qrcode，按 Enter 键后系统会进行自动安装。安装完成后就可以使用 qrcode 库了。

（2）基于 qrcode 库的二维码生成程序如下：

```
import qrcode                             # 导入 qrcode 库
qr = qrcode.QRCode(version=10,            # 设置版本号
        error_correction=qrcode.constants.ERROR_CORRECT_L,
                                          # 设置容错级别
        box_size=20,border=10)            # 设置二维码图形大小、图形的边界
img = qr.add_data("https://www.baidu.com/")
                                          # 添加二维码数据
qr.make( )                                # 将数据编译成 qrcode 数组
```

```
img = qr.make_image( )                # 生成二维码图形并存储在 img 中
img.save("qr.png")                    # 将 img 存储在当前目录的 qr.png
                                        文件中
img.show( )                           # 显示二维码
```

程序运行结果如图 8.6 所示。

图 8.6　生成的二维码

8.3　实验三：基于 matplotlib 库的数据可视化

1. 实验目的

（1）了解大数据的应用。

（2）理解大数据的核心技术。

（3）能运用 matplotlib 库进行数据可视化展示。

2. 实验内容

（1）文件“score.txt”存放了某门课程期末考试成绩，如图 8.7 所示，请依据该文件绘制成绩分布图。

图 8.7　score.txt 文件部分成绩

（2）如图 8.8 所示，order.xlsx 文件中存储了某公司 2021 年度的订单信息，请编写程序对订单信息进行分析，要求统计订购数量最多的 5 种类别，并以条形图对结果进行显示。

	A	B	C	D	E	F	G	H	I	J
1	订单编号	订购日期	地区	城市	公司	类别	产品	经办人	数量	单价
2	HD21010001	2021/1/1	华东	常州	迈策船舶	奶酪	黑奶酪	叶思思	170	28.8
3	HB21010002	2021/1/1	华北	秦皇岛	利合材料	调味	沙茶	袁近尧	120	18.6
4	HN21010003	2021/1/1	华南	深圳	大东补习班	海鲜	虾米	郑小琼	200	14.7
5	HN21010004	2021/1/1	华南	深圳	国顶有限公	饮料	蜜桃汁	郑小琼	140	18
6	XN21010005	2021/1/1	西南	重庆	大钰贸易	零食	山渣片	方涛	300	49.3
7	HD21010006	2021/1/1	华东	南京	永大企业	饮料	牛奶	卢晓慧	100	19
8	HB21010007	2021/1/2	华北	天津	百达电子	奶酪	浪花奶酪	方涛	180	2
9	HD21010008	2021/1/2	华东	南京	通恒机械	饮料	蜜桃汁	袁近尧	180	14.4
10	HD21010009	2021/1/2	华东	青岛	东帝望	饮料	汽水	罗丽	200	3.6
11	HD21010010	2021/1/2	华东	常州	椅天文化事	调味	蚝油	叶思思	120	15.5
12	XB21010011	2021/1/2	西北	西安	鑫增贸易	奶酪	酸奶酪	张鸣	250	34.8
13	HB21010012	2021/1/2	华北	张家口	志远有限公	零食	糖果	叶思思	120	9.2
14	XN21010013	2021/1/2	西南	重庆	大钰贸易	奶酪	温馨奶酪	方涛	440	12.5
15	HN21010014	2021/1/2	华南	厦门	赐芳股份	奶酪	大众奶酪	孙凌凌	100	21
16	HB21010015	2021/1/3	华北	天津	浩天旅行社	饮料	汽水	孙凌凌	150	3.6
17	HB21010016	2021/1/3	华北	天津	福星制衣厂	零食	糖果	孙凌凌	210	7.3
18	HB21010017	2021/1/4	华北	天津	正太实业	饮料	苹果汁	罗丽	200	14.4
19	HB21010018	2021/1/4	华北	天津	富泰人寿	零食	薯条	郑小琼	250	20
20	HB21010019	2021/1/4	华北	天津	高上补习班	肉类	鸡肉	张鸣	160	97
21	HB21010020	2021/1/4	华北	天津	协昌妮绒公	饮料	汽水	郑小琼	150	4.5
22	HN21010021	2021/1/4	华南	深圳	中硕贸易	零食	山渣片	袁近尧	150	49.3

图 8.8 order 文件部分订单信息

3. 实验参考步骤

（1）文件“score.txt”存放了某门课程期末考试成绩，如图 8.7 所示，请依据该文件绘制成绩分布图。

【参考步骤】

分析：从文本文件中读取成绩存放在列表中，以列表元素值作为 y 轴数值绘制图形。

① 启动命令行工具并执行命令：pip install matplotlib。安装完成后就可以使用 matplotlib 了。

② 编写程序。

程序代码如下：

```
import matplotlib.pyplot as plt
score = []                    # 存放成绩的列表 score
with open("score.txt")as f:
    for line in f.readlines( ):
        if line!="":        # 将非空成绩转换为整数，添加到列表 score
            score.append(int(str.strip(line)))
```

```
plt.title(" 成绩分布图 ",fontproperties='SimHei',fontsize=14)
                                      # 设置标题
plt.xlabel(" 序号 ",fontproperties='SimHei',fontsize=14)
                                      # 设置横轴标签
plt.ylabel(" 成绩 ",fontproperties='SimHei',fontsize=14)
                                      # 设置纵轴标签
plt.plot(score,'*')                   # 绘制成绩点
plt.show( )                           # 显示图形
```

③ 程序运行结果如图 8.9 所示。

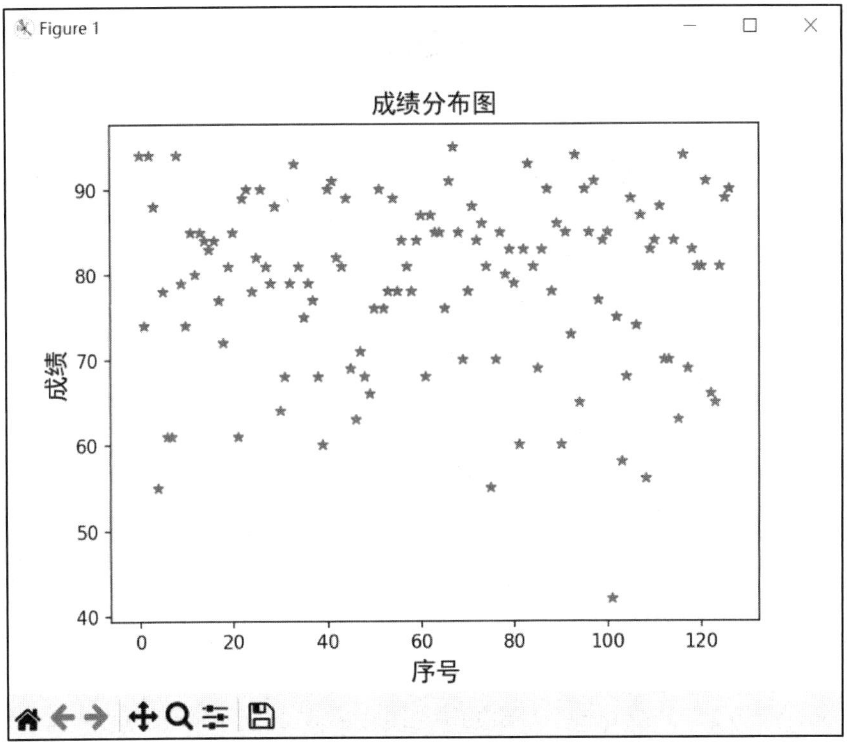

图 8.9 成绩分布图

说明：plt.plot(x,y,format_string,**kwargs) 函数绘制直线或曲线，省略 x 值时，只显示数据点。

（2）如图 8.8 所示，order.xlsx 文件中存储了某公司 2021 年度的订单信息，请编写程序对订单信息进行分析，要求统计订购数量最多的 5 种类别，并以条形图对结果进行显示。

【参考步骤】

分析：通过 pandas 库读取数据；利用字典存储不同类别的订单数量，类别为键，订购数量之和为对应的值；将字典按值（数量）进行降序排序，取排序后的前五个类别和对应的订单数量，分别存储在 x 和 y 列表中，作为条形图 x 轴和 y 轴的数据源，最

后显示生成的条形图。

生成条形图的语句如下：

```
bar(x,y,format_string,**kwargs)
```

- x：X 轴数据，列表或数组，可选参数。
- y：Y 轴数据，列表或数组。
- format_string：修饰参数，可选，表示对绘制图形的美化。
- **kwargs：第二组或更多 (x,y,format_string)。

① 安装环境。

pandas 依赖处理 Excel 的 xlrd 模块，需要安装 xlrd 模块。启动命令行工具并执行命令：pip install xlrd。

安装 pandas，启动命令行工具并执行命令：pip install pandas。

② 编写程序。

程序代码如下：

```
import pandas as pd
from matplotlib import pyplot as plt
df = pd.read_excel('order.xlsx')
gb = df.groupby(by='类别')
result = gb['数量'].sum( )
orderCount=dict(result)
orderCountSort = sorted(orderCount.items( ),key = lambda
item:item[1],reverse = True)
# 绘制条形图
x = [orderCountSort[i][0] for i in range(5)]
y = [orderCountSort[i][1] for i in range(5)]
plt.rcParams['font.sans-serif'] = ['SimHei']
plt.bar(x,y,color='r',width=0.5)# width 表示 bar 宽度
for x,y in zip(x,y):
      plt.text(x,y,y)# 显示数值
plt.xlabel('类别',fontsize = 14)# 添加 x 轴名称,并设置字体大小为 14
# 添加 y 轴名称,并设置字体大小为 14
plt.ylabel('订购数量',fontsize = 14)
# 添加标题,并设置字体大小为 14
plt.title('产品订购数量统计',fontsize = 14)
plt.show( )# 显示图形
```

③ 运行程序。

程序运行结果如图 8.10 所示。

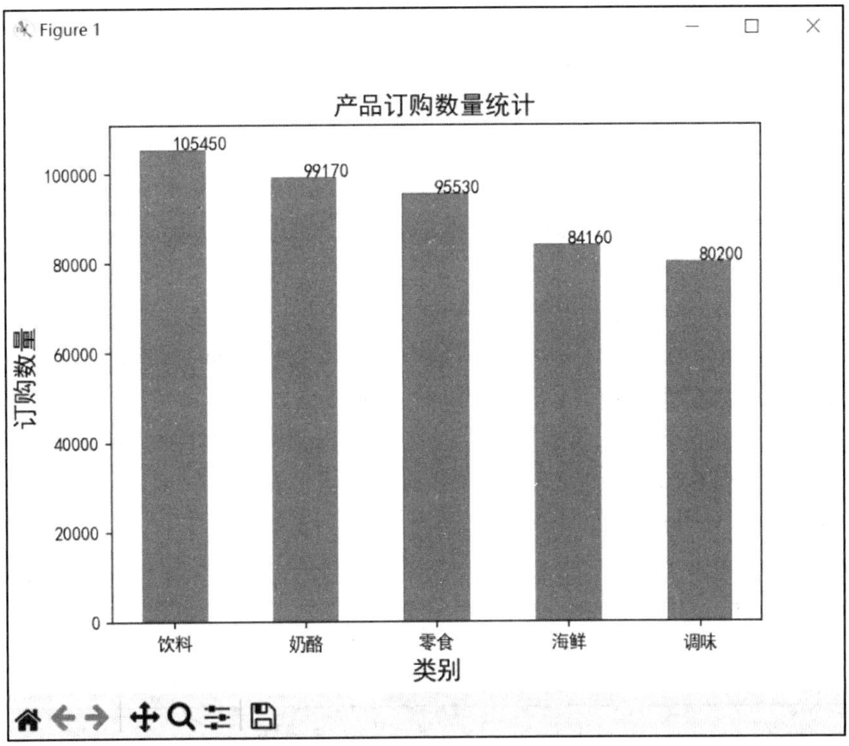

图 8.10 订单数量可视化运行结果

说明：

① 利用 pandas 库读取数据。

- df = pd.read_excel('order.xlsx')：读取“order.xlsx”文件，df 为 DataFrame 对象，类似于二维表，由行和列组成。
- gb = df.groupby(by=' 类别 ')，将 df 按照“类别”分组；result = gb[' 数量 '].sum( )，将分组数据按照“数量”汇总，这一过程类似 WPS Office 电子表格的分类汇总，得到的 result 如下：

```
奶酪    99170
海鲜    84160
肉类    46160
调味    80200
谷类    50880
零食    95530
饮料   105450
```

② 按照订单数量排序。

orderCount=dict(result) 将 result 转换成字典：{' 奶酪 ':99170,' 海鲜 ':84160,' 肉类 ':46160,' 调味 ':80200,' 谷类 ':50880,' 零食 ':95530,' 饮料 ':105450}。

orderCountSort = sorted(orderCount.items( ),key = lambda item:item[1],reverse = True)：对字典 orderCount 中的键值对按值进行降序排序的操作，排序后的 orderCountSort 为：[(' 饮料 ',105450),(' 奶酪 ',99170),(' 零食 ',95530),(' 海鲜 ',84160),(' 调味 ',80200),(' 谷类 ',50880),(' 肉类 ',46160)]。

③ 数据可视化是数据处理的一个重要环节，它可以让人们更好地理解、观察数据。matplotlib 库是 Python 中优秀的数据可视化第三方库，主要用于二维图形的绘制。matplotlib 绘制图形的大致步骤：导入库函数 from matplotlib import pyplot as plt；产生绘图的坐标位置数据，即 x 和 y，x、y 可以是列表或数组；调用绘图函数绘制图形，可增加对图形的文本标记，更直观地显示数据；显示图形。

plt.plot(x,y,format_string,**kwargs) 函数中的修饰参数 format_string，表示对绘制图形的美化。常用的修饰参数有以下几种：

- color=' 颜色 '，设置线条颜色，可以是颜色的英文单词或首字母，如表 8.1 所示。
- marker=' 字符 '，设置标记字符，常用标记如表 8.2 所示。
- linestyle=' 字符 '，设置线条风格，默认为实线，常用风格字符如表 8.3 所示。

如果要在图中显示文本，可以参照表 8.4，为坐标轴添加文本标签，为图表添加标题，并在图中任意位置添加文本或带箭头注释。

表 8.1 format_string 中的颜色字符

颜色字符	说明	颜色字符	说明
'b'	蓝色	'm'	洋红色 magenta
'g'	绿色	'y'	黄色
'r'	红色	'k'	黑色
'c'	青绿色 cyan	'w'	白色
'#008000'	RGB 某颜色	'0.8'	灰度值字符串

表 8.2 format_string 中的标记字符

标记字符	说明	标记字符	说明	标记字符	说明
'.'	点标记	'1'	下花三角标记	'h'	竖六边形标记
','	像素标记 (极小点)	'2'	上花三角标记	'H'	横六边形标记
'o'	实心圈标记	'3'	左花三角标记	'+'	十字标记
'v'	倒三角标记	'4'	右花三角标记	'x'	x 标记
'^'	上三角标记	's'	实心方形标记	'D'	菱形标记
'>'	右三角标记	'p'	实心五角标记	'd'	瘦菱形标记
'<'	左三角标记	'*'	星形标记	'|'	垂直线标记

表 8.3 format_string 中的风格字符

风格字符	说明	风格字符	说明
'–'	实线	':'	虚线
'– –'	破折线	''''	无线条
'–.'	点划线		

表 8.4 文本显示函数

函数	说明
plt.title	在当前图形中添加标题,可指定标题名称、位置、颜色、字体大小等参数
plt.xlabel	在当前图形中添加 x 轴名称,可以指定位置、颜色、字体大小等参数
plt.ylabel	在当前图形中添加 y 轴名称,可以指定位置、颜色、字体大小等参数
plt.xlim	指定当前图形 x 轴的范围,只能确定一个数值区间,无法使用字符串标识
plt.ylim	指定当前图形 y 轴的范围,只能确定一个数值区间,无法使用字符串标识
plt.xticks	指定 x 轴刻度的数目与取值
plt.yticks	指定 y 轴刻度的数目与取值
plt.legend	指定当前图形的图例,可以指定图例的大小、位置、标签
plt.savafig	保存绘制的图片,可以指定图片的分辨率、边缘的颜色等参数
plt.show	在本机显示图形

本章实验小结

（1）数据可视化技术是大数据核心技术之一。数据可视化的目标是借助图形化手段传递信息和挖掘信息。matplotlib 库是 Python 中优秀的数据可视化第三方库,主要用于二维图形的绘制。matplotlib 绘制图形的大致步骤如下:

① 下载安装 matplotlib。

② 导入库函数 from matplotlib import pyplot as plt。

③ 产生绘图的坐标位置数据,即 x 和 y,x、y 可以是列表或数组。

④ 调用绘图函数绘制图形。可增加对图形的文本标记,更直观地显示数据。

⑤ 显示图形。

（2）云存储,是基于云计算技术发展起来的一种新型存储方式。用户可以将文件上传到云端,通过互联网访问和下载这些文件。云盘的优点在于可靠、安全、便捷、共享等特点。

（3）二维码技术是物联网感知层基本和关键的技术之一。二维码技术和区块链技术的结合可有效解决物品的溯源防伪问题。

应 用 练 习

（1）使用金山文档协同办公完成多人协作的在线文档编辑。

① 计算机 Web 端：进入 https://www.kdocs.cn/welcome 页面后，单击“立即使用”，使用 QQ/ 微信 / 企业微信登录即可。

② 手机端小程序。

微信小程序：打开微信→发现→小程序，搜索“金山文档”后，即可直接使用微信登录，进入金山文档。

（2）扫描超市商品的条形码或二维码，查看商品的相关信息。